四季靓汤

喝出水润健康

SIJI LIANGTANG
HECHUSHUIRUNJIANKANG

宅与路上 / 著

中国妇女出版社

图书在版编目（CIP）数据

四季靓汤喝出水润健康 / 宅与路上著. —北京：中国妇女出版社，2015.2

（新手下厨房. 第2季）

ISBN 978-7-5127-0973-7

Ⅰ.①四… Ⅱ.①宅… Ⅲ.①汤菜—菜谱 Ⅳ.①TS972.122

中国版本图书馆CIP数据核字（2014）第274117号

四季靓汤喝出水润健康

作　　者：宅与路上　著

选题策划：宋　文

责任编辑：宋　文

封面设计：吴晓莉　陈　光

责任印制：王卫东

出版发行：中国妇女出版社

地　　址：北京东城区史家胡同甲24号　　邮政编码：100010

电　　话：（010）65133160（发行部）　65133161（邮购）

网　　址：www.womenbooks.com.cn

经　　销：各地新华书店

印　　刷：北京楠萍印刷有限公司

开　　本：170×240　1/16

印　　张：11.25

字　　数：120千字

版　　次：2015年2月第1版

印　　次：2015年2月第1次

书　　号：ISBN 978-7-5127-0973-7

定　　价：35.00元

前　言

食疗养生，汤水先行。春生、夏长、秋收、冬藏，只有遵循自然法则，才能养出水润健康！

本书共收录了80道汤谱，根据四季不同的节气特点，因时、因地、因材制宜。汤谱以广东老火汤为主，辅以快手生滚汤和滋补糖水，食材常见，简单易学。即使是厨房新手，只要依法炮制，也能煲出一锅鲜香四溢、老少皆宜的滋补靓汤。

广东老火汤多以肉类和药材搭配，功效因药材的不同而不同。肉类在汤中的作用主要是中和药味而又不改变药性，同时还能补充蛋白质和能量，强身健体。下面统一介绍本书经常用到的肉类食材，而药材部分则在每一篇汤谱中再作介绍。

龙骨：也称“脊骨”，指猪脊椎部位的骨头。特点为少油，适合搭配绝大部分老火汤。

扇骨：即猪的肩胛骨，是猪背上肩膀下的那块骨头。特点为几乎无油，适合搭配绝大部分老火汤。

排骨：也称“肋排”。特点为油脂稍多，可以搭配喜油的食材。

筒骨：也称“腿骨”。特点为富含骨髓和油脂，广东老火汤中用得比较少。

猪蹄：也称“猪手”或“猪脚”，最好选不带肘子的那一块。特点为富含丰富的胶原蛋白，有美容的功效。

瘦肉：少油，常用梅肉、里脊肉或猪展肉。特点为口感滑嫩，常用于炖盅类的滋补汤。

鸡：首选1千克左右的整只土鸡，多搭配补益类药材。

鸭：首选老鸭，多搭配滋阴类药材。

鱼：鱼头、鲮鱼、鲫鱼等均可。

关于煲汤的时间

广东传统老火汤通常要煲3小时以上。现代科学研究表明，炖煮时间越长，从食材中溢出的嘌呤就越多，因此家庭煲汤宜控制在2小时左右。如果时间充裕，煲好汤后可以关火不开盖地焖1小时，汤味更香浓。

关于汤的颜色

广东老火汤讲究清而不淡、浓而不浊，汤色因药材不同而相异。除部分加了如山药、莲子等高淀粉食材的汤会呈现较为浓稠的汤色，大部分汤的汤色都比较清。

关于汤渣

广东人把煲汤后的食材称为汤渣，老火汤的汤渣通常丢弃不要。其实，很多营养物质都在汤渣中，尤其是在肉类食材中。因此，我提倡适当缩短煲汤的时间，这样就不会失去食材的口感，汤中除药材外，其余食材就都可以食用了。

关于汤煲的选择

广东传统汤煲选用老式高身窄口的砂锅。随着厨具的发展，许多新式砂锅造型别致、色彩明快，还有诸如铸铁锅等新派汤锅。读者不必过于纠结锅的选择，只要保温性能、密封性能都较好的锅具就可以。为了清晰展现锅内食材以及添加过程，在拍摄本书的照片时，我使用了宽口砂锅和高身窄口砂锅相结合的方式。

关于药材的购买及其他

本书所用广式煲汤药材均为最常见的药材，可在市场、超市、药店购买，也可通过电商购买。

本书中汤的量如无特别说明，均为3～4人份。

本书中用到的炖盅，如无特殊说明均为4寸小炖盅，适合单人食用。如果人多可同时用多个小炖盅或选用一个较大的炖盅，食材应按比例加量。

本书中的1块姜约为15克。

本书中的汤匙及小匙见图片。

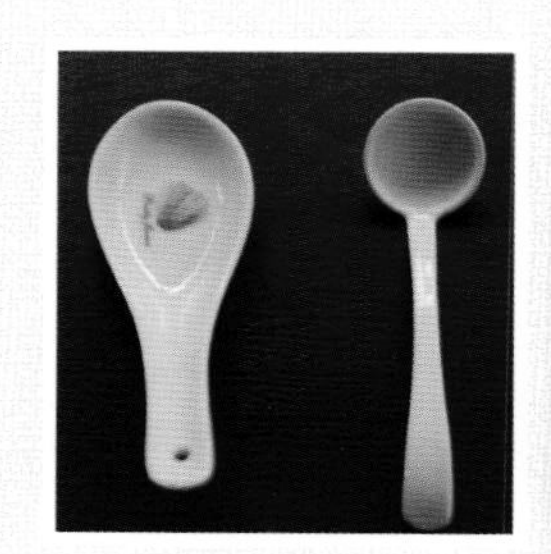

目录

CONTENTS

煲老火靓汤的小窍门

★绝大部分肉类食材需要在放入汤锅前焯水，去除血水和污物，煲出来的汤会更清甜。

★黄酒可以有效去腥，如果家里没有可以换成料酒或其他酒。

★在汤中加少许醋可以让更多的钙溶于汤中，而且煲出来的汤并不会有酸味。

★在汤中一定不要加太多盐，并且一定要留到最后放。先加盐会使肉紧缩、变硬。

★如果觉得老火汤中的肉类食材不够咸，可蘸鲜味生抽食用。

春
益气汤水

春季肝气最旺，而肝气旺则容易导致脾胃虚弱。因此，春季煲汤宜选择健脾益气之食材。

百合莲子炖瘦肉

特点和功效

莲子酥而不烂，百合清香回甜，因而此汤能够滋阴润燥、清心安神，适合全家经常饮用。

食材和用量

瘦肉	50克	生姜	1片
新鲜百合	1个	盐	1/4小匙
干莲子	15粒		

步骤

❶ 去掉新鲜百合的根部后将其掰散，冲洗干净。
❷ 干莲子冲洗干净后略为浸泡。
❸ 瘦肉洗净后切小粒。
❹ 瘦肉凉水入锅焯水，水开后撇去浮沫。
❺ 将焯水后的瘦肉捞出，如果浮沫较多可用温水洗净。
❻ 将所有食材放入炖盅，加热水至九分满。
❼ 盖上炖盅的盖子，置于炖锅中。在炖锅中加足量热水，大火烧开后转中火炖约2小时，加盐调味即可。

靓汤秘籍

★ 如果没有新鲜百合，可用干百合代替，但要提前浸泡2小时以上。

菜干咸骨汤

特点和功效

此汤浓香四溢、鲜美甘甜，能够通利肠胃，适合全家经常饮用。

食材和用量

筒骨………… 750克
菜干………… 1小把
胡萝卜……… 1根
生姜………… 1小块
香醋………… 1小匙
黄酒………… 1汤匙
盐　………… 5小匙

步骤

❶ 不要用水洗筒骨，直接在筒骨上加盐，每一面都均匀地撒上一层薄盐。
❷ 将筒骨盖保鲜膜入冰箱冷藏腌制10小时以上，制成咸骨。到时间后，取出咸骨用清水浸泡半小时，并冲洗干净。
❸ 菜干提前浸泡2小时，用水洗净。
❹ 胡萝卜用水洗净，去皮，切滚刀块。
❺ 咸骨与部分生姜一起凉水入锅，大火煮开后继续煮约2分钟，边煮边撇去浮沫。
❻ 将咸骨捞出，与菜干、胡萝卜、剩余生姜一起放入砂煲，加适量开水炖煮。大火烧开后烹入黄酒和香醋，再转小火盖上盖子煲约2小时即可。

靓汤秘籍

★ 菜干比较吸油，所以猪骨可选筒骨、排骨或龙骨。
★ 腌制咸骨时，腌制时间越长越香。
★ 咸骨取出后一定要浸泡半小时以上，以去掉多余的盐分。
★ 菜干要长时间浸泡，待菜叶完全展开才能彻底清洗干净。
★ 咸骨有盐，因此煲汤时不需要再加盐。

党参炖瘦肉

特点和功效

此汤汤色清澈微黄，味道清香回甜，能够补气健脾、养阴和胃，适合全家经常饮用。

食材和用量

瘦肉………… 50克
党参………… 2支
干淮山……… 6片
玉米………… 1/2根
盐　………… 1/4小匙

步骤

❶ 洗净党参和干淮山；洗净玉米，切成4块。

❷ 瘦肉洗净，表面切花刀，刀口要横竖交错，但不能切断，要确保底部相连。

❸ 瘦肉凉水入锅焯水，水开后撇去浮沫。

❹ 将焯水后的瘦肉捞出，如果浮沫较多可用温水洗净。

❺ 将瘦肉、党参、干淮山、玉米放入炖盅，加热水至九分满。

❻ 在炖盅上加盖，置于炖锅之中。在炖锅中加足量热水，大火烧开后转中火炖约2小时，加盐调味即可。

靓汤秘籍

★ 瘦肉切花刀是为了美观，怕麻烦的话可以直接切小粒。

牛蒡排骨汤

特点和功效

此汤汤色微黄，有独特香气，回甜。牛蒡别名“东洋人参”，营养价值极高。此汤能够强身健体、润肠通便，适合全家经常饮用。

食材和用量

排骨………… 750克
牛蒡………… 1/2根
胡萝卜……… 1/2根
蜜枣………… 1颗
生姜………… 1块
干香菇……… 3朵
香醋………… 1小匙
黄酒………… 1汤匙
盐…………… 2小匙

步骤

❶ 排骨用流动水冲洗干净。
❷ 牛蒡刮干净表皮，斜切成段。
❸ 香菇泡发洗净。
❹ 胡萝卜洗净，切滚刀块。
❺ 排骨和部分生姜一起凉水入锅，大火煮开后继续煮约2分钟，边煮边撇去浮沫。将焯水后的排骨捞出，如果浮沫较多可用温水洗净。
❻ 将排骨和剩余生姜放入砂煲，加适量开水用大火烧开，烹入黄酒和香醋，再加入牛蒡、胡萝卜、蜜枣和香菇。待再次烧开后转小火煲约2小时，加盐调味即可。

靓汤秘籍

★ 牛蒡不用削皮，把表皮刮洗干净就行了。
★ 加蜜枣可以增加汤的甜度，不喜欢也可以不加。

冬菇桂圆炖瘦肉

 特点和功效

此汤汤色清澈微黄，甜香味浓，能够温补安神、滋阴润肺，适合全家经常饮用。

食材和用量

瘦肉…………50克
桂圆干………8颗
红枣…………2颗
生姜…………1小片
干冬菇………3朵
盐……………1/4小匙

 步骤

❶ 干冬菇浸泡1小时待其变软，冲洗干净。
❷ 红枣浸泡15分钟，冲洗干净。
❸ 桂圆干冲洗干净。
❹ 瘦肉洗净，表面切花刀，刀口要横竖交错，但不能切断，要确保底部相连。
❺ 瘦肉凉水入锅焯水，水开后撇去浮沫。将焯水后的瘦肉捞出，如果浮沫较多可用温水洗净。
❻ 除盐外所有食材放入炖盅，加热水至九分满。炖盅加盖，置于炖锅。在炖锅中加足量热水，大火烧开后转中火炖约2小时，加盐调味即可。

靓汤秘籍

★ 干冬菇泡20分钟后，可先冲洗干净，另取干净水再浸泡40分钟。第二次泡冬菇的水可加入炖盅。

胡萝卜玉米猪骨汤

特点和功效

此汤鲜美清甜，汤色诱人，能够健脾益胃、美容养颜，适合全家经常饮用。

食材和用量

排骨………… 750克
胡萝卜……… 1根
玉米………… 1根
生姜………… 1块
黄酒………… 1汤匙
香醋………… 1小匙
盐…………… 2小匙

步骤

1. 排骨用流动水冲洗干净。
2. 胡萝卜洗净，去皮，切滚刀块。
3. 玉米洗净切大块。
4. 排骨和部分生姜一起凉水入锅，大火煮开后继续煮约2分钟，边煮边撇去浮沫。将焯好水的排骨捞出，如果浮沫较多可用温水洗净。
5. 排骨和剩余生姜放入砂煲，加适量开水，大火烧开后烹入黄酒和香醋。
6. 在砂煲中加入胡萝卜和玉米。待再次烧开后，盖上盖子转小火煲约2小时，加盐调味即可。

靓汤秘籍

★ 胡萝卜喜油，这道汤可选含油量稍大的排骨、筒骨或者龙骨。
★ 玉米最好选择甜玉米，煲出来的汤更清甜。

翡翠丸子汤

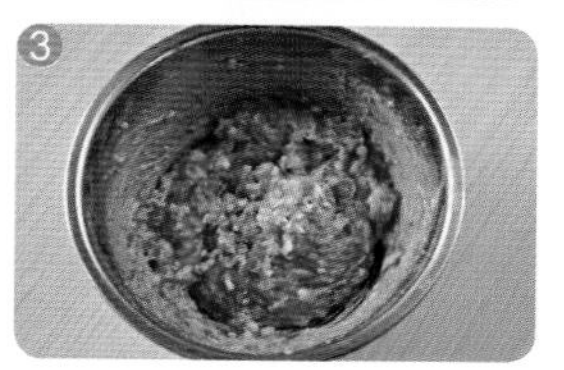

特点和功效

鲜嫩的肉丸铺在翠绿的莴笋丝上，如珍珠翡翠，不仅漂亮而且美味。

食材和用量

猪肉馅……… 200克
莴笋………… 1根
鸡蛋………… 1枚
小葱………… 2根
蚝油………… 1汤匙
盐…………… 4小匙
白胡椒粉…… 1小匙
姜末………… 2小匙
水淀粉……… 2汤匙

步骤

❶ 猪肉馅中加入鸡蛋、姜末、蚝油和2小匙盐，顺同一个方向搅拌。
❷ 猪肉馅中加入水淀粉搅拌上劲。
❸ 猪肉馅中加入小葱的葱白部分搅匀，待用。
❹ 莴笋去皮后切丝，凉水入锅焯至水开即可关火。莴笋丝捞出铺在碗底备用，锅中的水留用。
❺ 用薄边的小勺刮取步骤3做好的猪肉馅，使其尽量为圆形。将丸子放入盛好热水的锅中，先不开火，直到将所有的丸子都放入锅中再开火，煮至丸子漂起，加白胡椒粉和剩余盐调味。
❻ 将丸子连汤一起倒入铺好莴笋丝的大碗中即可。

靓汤秘籍

★ 最好选择二分肥八分瘦或三分肥七分瘦的猪肉自己剁馅。
★ 调猪肉馅的盐量大约是猪肉的1%，即200克猪肉馅加2克盐。
★ 加入蚝油主要为了提鲜，而鸡蛋的加入会让肉馅更滑嫩。
★ 在1份红薯淀粉中加入10份清水便可调成较稀的水淀粉，它可以让肉馅水分充足，更加滑嫩，且更容易成型。
★ 只加葱白是为了让丸子颜色更白，如果不在意也可将葱叶加入。

CAT
Life is beautiful

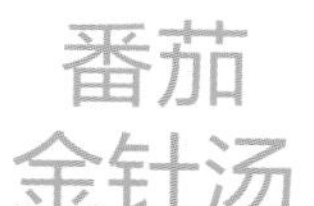

番茄金针汤

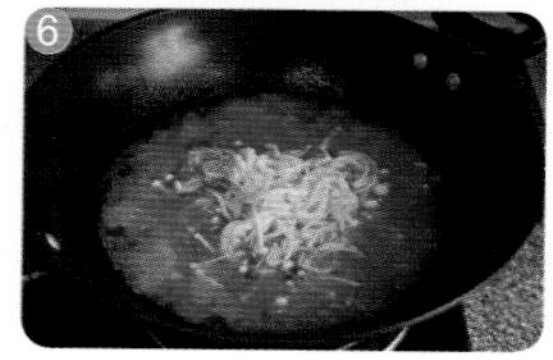

特点和功效

此汤酸香适口，爽滑鲜美。金针菇含锌量较高，能促进儿童智力发育；金针菇富含多种氨基酸，搭配番茄，具有滋补、抗衰老的作用，适合全家经常饮用。

食材和用量

番茄………… 2个
金针菇……… 250克
瘦肉………… 50克
小葱………… 2根
料酒………… 1汤匙
生抽………… 1/2汤匙
白胡椒粉…… 1小匙
生粉………… 2小匙
香醋………… 1小匙
盐…………… 2小匙
芝麻油……… 少许
淡盐水……… 适量

步骤

❶ 瘦肉洗净，切条，加料酒、生粉、部分白胡椒粉和部分生抽抓匀，表面淋少许芝麻油腌制15分钟。
❷ 番茄去皮，切小块。
❸ 金针菇切掉老根，清洗干净后用淡盐水浸泡10分钟捞出沥干。
❹ 小葱切葱花，用热锅热油爆香。
❺ 锅中放入番茄翻炒，边炒边用锅铲压碎，直到将番茄炒成糊状。在锅中加适量清水，大火烧开后转小火煮约5分钟。
❻ 锅中放入金针菇，待再次煮开后加盐和生抽调味。接着，锅中下瘦肉条，大火煮开后加入香醋，撒入白胡椒粉即可。

靓汤秘籍

★ 瘦肉选用里脊肉或梅肉，比较滑嫩。
★ 番茄炒成糊状后完全溶在汤里，会给整道汤增香添色。
★ 最后烹少许香醋可以增加汤的香味，并不会产生更多酸味。

野生红菇汤

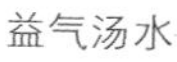

特点和功效

此汤呈艳丽的玫红色，鲜甜可口，能够滋阴补肾、增强免疫力，适合全家经常饮用，尤其适合儿童和贫血体弱者饮用。

食材和用量

扇骨………… 750克
红菇………… 10朵
生姜………… 1块
香醋………… 1小匙
黄酒………… 1汤匙
盐………… 2小匙

步骤

1. 扇骨用流动水冲洗干净。
2. 红菇用清水浸泡15分钟，冲洗干净泥沙，再用干净水浸泡30分钟。
3. 扇骨与部分生姜一起凉水入锅，大火煮开约2分钟，边煮边撇去浮沫。将焯好的扇骨捞出，如果浮沫较多可用温水洗净。
4. 扇骨和剩余生姜放入砂煲，加适量开水，大火烧开后烹入黄酒和香醋。
5. 在砂煲中加入第二次泡发红菇的清水和红菇，再次大火烧开后，盖上盖子转小火煲约2小时，加盐调味即可。

靓汤秘籍

★ 野生红菇是具有保健作用的纯天然食品，营养丰富。
★ 第二次泡红菇的水不要丢弃，加入砂煲更有利于营养的保留。

雪豆蹄花汤

特点和功效

此汤汤色乳白，浓郁黏稠。猪蹄含有丰富的胶原蛋白，具有益肾补元、滋润肌肤之功效。

食材和用量

猪蹄………… 1只
雪豆………… 100克
生姜………… 1块
黄酒………… 1汤匙
盐…………… 2小匙

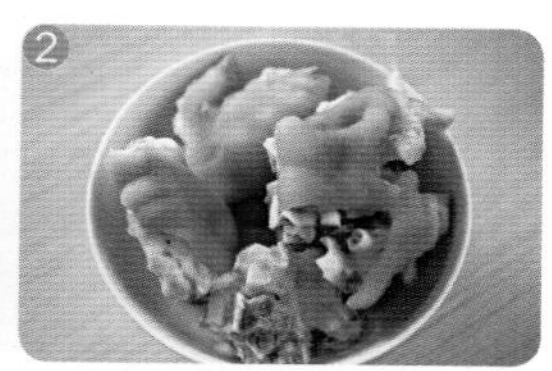

步骤

1. 雪豆洗净，用清水浸泡8小时以上。
2. 猪蹄洗净，与部分生姜一起凉水入锅焯水约3分钟，边煮边撇去浮沫。捞出焯好水的猪蹄，如果浮沫较多可用温水洗净。
3. 除盐和黄酒外所有食材放入砂煲，加适量开水炖煮，大火烧开后烹入黄酒。
4. 再次烧开后，盖上盖子转小火煲约2小时，加盐调味即可。

靓汤秘籍

★ 做猪蹄最好选择前蹄，筋多，口感好，也不油腻。
★ 雪豆不容易煮透，所以要提前用水泡软。
★ 汤中的猪蹄蘸小料吃更有滋味。蘸料的调配可以根据个人的口味，比如说喜欢咸口用豆瓣酱，喜欢辣口用鲜味生抽加小米辣。

茶树菇煲鸡汤

特点和功效

此汤汤色呈黄褐色，香气浓郁。茶树菇清脆爽口，是高蛋白、低脂肪的食材，具有美容壮阳的功效。因此，此汤能够滋阴补肾、提高免疫力，适合全家经常饮用。

食材和用量

土鸡………… 1只
干茶树菇…… 50克
生姜………… 1块
黄酒………… 1汤匙
盐…………… 2小匙

步骤

1. 土鸡收拾干净，斩大块，洗净血水。
2. 茶树菇冲洗干净后剪去根部，用清水浸泡15分钟。
3. 生姜切片，与土鸡、茶树菇一同放入砂煲，加适量冷水，泡茶树菇的清水可一同加入。
4. 大火烧开后撇去浮沫，烹入黄酒。
5. 盖上盖子转小火煲约2小时，加盐调味即可。

靓汤秘籍

★ 不喜欢油腻的人，可将鸡肉脂肪厚的部分连皮去掉。
★ 鸡的血沫很少，煲鸡汤之前，土鸡不用焯水，直接加冷水炖煮即可。
★ 茶树菇久煲不烂，因此可与鸡一同放入。

花旗参煲鸡汤

特点和功效

此汤汤色清亮，微苦回甜。花旗参补而不燥，能够补气养血。此汤可以提高免疫力，适合全家经常饮用。

食材和用量

土鸡………… 1只
花旗参……… 10克
红枣………… 4颗
黄酒………… 1汤匙
盐…………… 2小匙

步骤

1. 土鸡收拾干净，斩大块，洗净血水。
2. 土鸡放入砂煲，加适量冷水，接着放入红枣和花旗参。
3. 大火烧开后撇去浮沫，烹入黄酒。
4. 盖上盖子，转小火煲约2小时，加盐调味即可。

靓汤秘籍

★ 不喜欢油腻的人，可将鸡肉脂肪厚的部分连皮去掉。

★ 鸡的血沫很少，煲鸡汤之前，土鸡不用焯水，直接加冷水炖煮即可。

★ 煲汤用的花旗参最好切片，味道更容易渗出。

椰子炖鸡

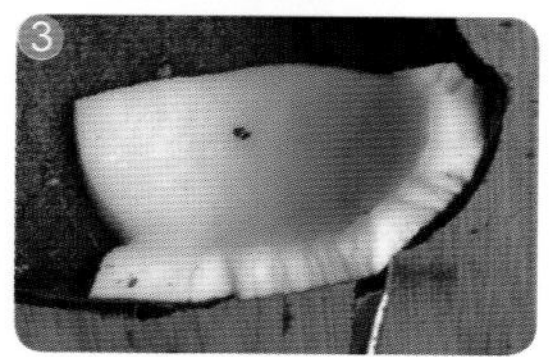
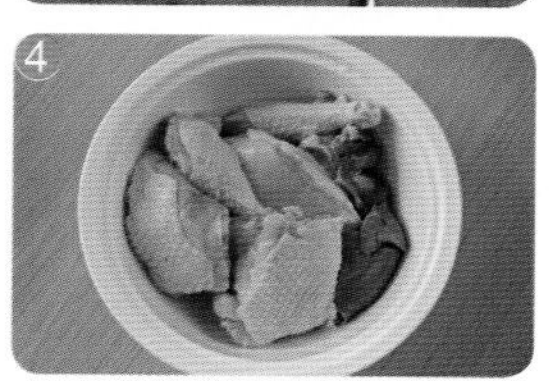

特点和功效

此汤清甜鲜美，有浓郁椰子香味，能够补血安神、滋润肌肤，是女性的养颜汤。同时，此汤还有补肾健脑的功效，适合全家经常饮用。

食材和用量

土鸡………… 1只
老椰子……… 1个
红枣………… 6颗
生姜………… 1块
枸杞………… 20粒
黄酒………… 1汤匙
盐…………… 2小匙

步骤

1. 老椰子冲洗干净，将鼓起的气孔挖开，另外2个气孔随意戳上小洞。
2. 椰子汁倒入大碗中，用刀背将椰子砸开。
3. 用改锥或剪刀将白色的椰子肉取出，扔掉椰肉上褐色的皮。椰肉冲洗干净后切成条状。
4. 将土鸡收拾干净，斩大块，洗净血水。
5. 砂煲中放入土鸡、椰肉条、红枣、生姜，加入椰子汁，如果不够可加适量清水。
6. 大火烧开后撇去浮沫，烹入黄酒，盖上盖子转小火煲约2小时。时间到后，加入枸杞和盐，煮开即可。

靓汤秘籍

★ 老椰子很硬，但是气孔部分相对比较容易挖开。注意，要挖开2个以上的孔才容易倒出椰汁。

★ 砸椰子要用刀背，千万不要用刀刃，容易崩刃。

★ 此汤偏甜，不喜欢甜味可以不加红枣。

石斛老鸭汤

特点和功效

此汤汤色清亮微黄，有淡淡的药材香味，回甜。石斛的药用价值极高，能增强免疫力，养胃生津。此汤补而不燥，清而不淡。

食材和用量

老鸭………… 1只
石斛………… 12粒
生姜………… 1块
黄酒………… 1汤匙
盐…………… 2小匙

步骤

1. 石斛用清水冲洗干净；生姜去皮切片。
2. 老鸭斩成大块，去掉多余的脂肪，冲洗干净。
3. 老鸭与部分生姜一起凉水入锅，大火煮开约2分钟，边煮边撇去浮沫。将焯好的老鸭捞出，如果浮沫较多可用温水洗净。
4. 老鸭、石斛和剩余生姜一起放入砂煲，加适量开水。
5. 大火烧开后烹入黄酒。待其再次烧开后，盖上盖子转小火煲约2小时，加盐调味即可。

靓汤秘籍

★ 石斛口感黏糯、微甜，煲透后伸展成条状。
★ 煲汤选老鸭或者水鸭效果最好。

粉葛鲫鱼汤

特点和功效

此汤汤色褐红，味美鲜甜。粉葛能除脾胃虚火，赤小豆能利水除湿，因此此汤具有去湿健脾的功效，适合全家经常饮用。

食材和用量

鲫鱼………… 1条
龙骨………… 200克
粉葛………… 500克
赤小豆……… 100克
生姜………… 1块
白酒………… 2小匙
黄酒………… 1汤匙
盐…………… 2小匙

步骤

1. 赤小豆浸泡8小时以上。
2. 粉葛去皮，切块；龙骨洗净，焯水；泡好的赤小豆冲洗干净。
3. 将粉葛、龙骨、赤小豆与1/2生姜一起置于砂煲中，加热水至没过所有食材，大火烧开后撇去浮沫，烹入黄酒，盖上盖子转小火煲约80分钟。
4. 鲫鱼清洗干净，加入剩下的生姜和白酒腌10分钟。
5. 用厨房纸擦干鱼身，在油锅中下入步骤4的姜片和鲫鱼，将鲫鱼煎至两面金黄。
6. 在鲫鱼中加入步骤3煲好的汤，大火烧开后转中火煮约20分钟，加盐调味即可。

靓汤秘籍

★ 赤小豆最好提前一天浸泡。

★ 煎鱼小窍门：煎鱼时最好提前用油润一下锅，即把锅烧热后倒少许油晃匀整个锅底，关火放凉，煎的时候再次将油锅烧热。煎鱼时尽量不要翻动，可用锅铲轻推，能推动的时候再翻面，鱼就不容易破皮了。

鱼头豆腐汤

特点和功效

此汤汤色奶白，味道鲜美。鱼头富含胶质蛋白和维生素D，搭配同样高蛋白、低脂肪的豆腐，具有健脾补气、美容润肤的功效，适合全家经常饮用。

食材和用量

鱼头	1个	盐	2小匙
老豆腐	1块	料酒	1汤匙
生姜	1块	白胡椒粉	1小匙
小葱	2根		

步骤

1. 鱼头洗净，用料酒和部分生姜腌制20分钟。
2. 热锅凉油，下剩余生姜煎香。
3. 在锅中放入鱼头，煎至两面金黄，烹入料酒。
4. 在锅中加开水至没过鱼头的2/3处。
5. 待锅中的汤煮开后，加入切块的老豆腐。
6. 用大火煮约12分钟至汤成奶白色，加盐调味，撒白胡椒粉，起锅前再撒些切好的葱花即可。

靓汤秘籍

★ 步骤4一定要加入开水，用中到大火烧汤很快就会成奶白色。

★ 炖汤适合用老豆腐，耐煮，味道也更香。

海鲜疙瘩汤

特点和功效

此汤色泽红润，鲜美无比。蛤蜊和海米都是大鲜之物，营养价值极其丰富，适合全家经常饮用。

食材和用量

蛤蜊………… 250克
面粉………… 50克
海米………… 10粒
番茄………… 1个

生姜………… 1块
鲜味酱油…… 1小匙
白胡椒粉…… 1小匙

步骤

1. 蛤蜊用海水浸泡，静置约1小时，待其吐净泥沙后洗净表面。
2. 海米浸泡30分钟，直至泡软。
3. 番茄顶部划十字花刀，用开水浸烫后去皮，再切成小块。
4. 将生姜切成姜片。热锅凉油下入海米和姜片，用小火煎香。
5. 转中火，在锅中下入番茄翻炒，边炒边用锅铲将番茄切碎。加适量开水，盖上盖子，转小火煮约2分钟。
6. 面粉放入碗中，放在水龙头下，开最小的水流，边接水边快速搅拌，搅成没有干粉的状态（要保留小疙瘩）。将面疙瘩徐徐倒入锅中，边倒边搅拌。
7. 待面汤再次滚开后倒入蛤蜊，盖上盖子炖煮。待蛤蜊全部开口后，加鲜味酱油，视个人口味撒白胡椒粉即可。

靓汤秘籍

★ 海鲜疙瘩汤也可以加入鲜虾等食材。

★ 买蛤蜊的时候尽量跟商家要一些海水，因为海水更容易让蛤蜊吐沙。

★ 搅面疙瘩时，水流一定要小，且要不停快速搅拌面糊，拌出来的面疙瘩越小越好。

★ 蛤蜊本身有咸鲜味，加少许鲜味酱油后无须再加盐。

香滑豆腐汤

特点和功效

此汤颜色清亮，香滑可口。豆腐、豌豆、香菇、胡萝卜等的组合含有丰富的优质蛋白和维生素，营养丰富，适合全家经常饮用。

食材和用量

嫩豆腐……… 1块
香菇………… 3朵
豌豆………… 100克
胡萝卜……… 1/2根
小葱………… 2根
水淀粉……… 2汤匙
盐…………… 2小匙
酱油………… 1/2汤匙
白胡椒粉…… 1小匙

步骤

❶ 嫩豆腐用清水洗净，切小块；豌豆冲洗干净；胡萝卜和泡发的香菇切小粒。
❷ 热锅凉油，下香菇炒出香味。接着下胡萝卜翻炒，再下豌豆炒至胡萝卜和豌豆稍变软。
❸ 加适量开水，盖上盖子中火煮约10分钟。
❹ 下入嫩豆腐，煮开转小火煮约2分钟。
❺ 加盐和酱油调味，再调入白胡椒粉。
❻ 用水淀粉勾芡，起锅前撒切好的葱花即可。

靓汤秘籍

★ 此汤搭配有多种蔬菜，既增加了营养，又使汤中的味道更加丰富。
★ 勾芡的水淀粉宜薄不宜厚，用玉米淀粉和清水以1：5的比例调匀即可。

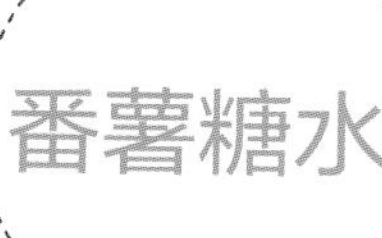

番薯糖水

特点和功效

番薯香甜软糯，而姜片的加入恰到好处地中和了番薯和冰糖的甜腻。此糖水能够软化血管、防止便秘，适合全家经常饮用。

食材和用量

番薯………… 500克
冰糖………… 30克
生姜………… 2片

步骤

1. 番薯洗净，去皮，切块。
2. 生姜切片。番薯和姜片同时放入锅中，加没过食材的清水，大火烧开后转小火煮约30分钟。
3. 加入冰糖，煮至冰糖溶化即可。

靓汤秘籍

★ 番薯糖水是广东人最喜爱的家常糖水之一，尤其是春季首选糖水。
★ 番薯可根据自己的喜爱选择红心或者黄心。
★ 煲番薯糖水必须放姜，姜能提鲜并驱寒。
★ 大火烧开后一定要转小火，否则番薯容易煲烂。
★ 根据个人口味，可将冰糖换成红糖。

红枣银耳莲子羹

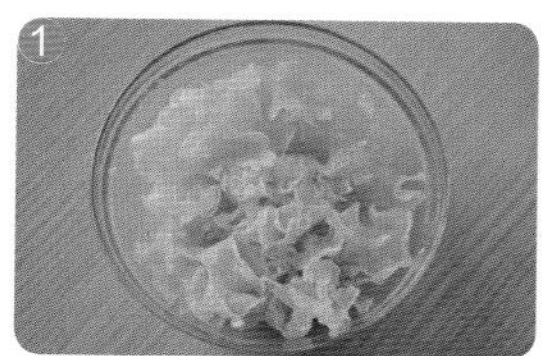

特点和功效

此糖水香甜可口、软糯黏稠，能够益气补血、润肤养颜，适合全家经常饮用。

食材和用量

银耳………… 1/2朵
红枣………… 15颗
干莲子……… 30粒
新鲜百合…… 3个
冰糖………… 50克

步骤

❶ 银耳提前浸泡8小时以上。泡发好的银耳撕小朵，冲洗干净。
❷ 红枣浸泡15分钟，再冲洗干净。
❸ 干莲子冲洗干净，略泡。
❹ 新鲜百合去根部，掰散，冲洗干净。
❺ 高压锅中放入银耳和红枣，加入1升冷水大火烧开，上汽后转小火压约30分钟，关火自然排汽。
❻ 排好汽后加入莲子，再次大火烧开，上汽后转小火压约10分钟，关火自然排汽。
❼ 排好汽后加入百合和冰糖，开盖煮约5分钟至冰糖溶化即可。

靓汤秘籍

★ 银耳提前浸泡的时间越长，口感越软糯。
★ 没有新鲜百合可用干百合代替，干百合需要提前浸泡2小时。
★ 此糖水食材易熟度差异较大，因此要分步加入，更能享受到各种食材最好的口感。
★ 本次烹煮用的是高压锅，能有效缩短银耳的烹煮时间。如果用砂煲，也要按同样的顺序加入食材，并适当延长烹煮时间。煮制期间，可以通过品尝判断食材是否已经到了自己喜欢的口感。

夏

消暑汤水

夏季阳气盛，汤水多以清热消暑、除湿去邪为主，同时还需重视补养肺肾之阴。

霸王花煲猪骨汤

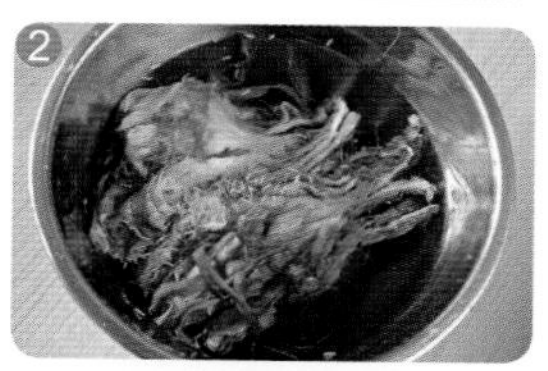

特点和功效

此汤汤色青黄，香气独特。霸王花的加入使汤的口感滑嫩微酸。此汤能够清心润肺，祛痰止咳。

食材和用量

扇骨………… 750克
霸王花……… 3束
红枣………… 3颗
生姜………… 1块
香醋………… 1小匙
黄酒………… 1汤匙
盐…………… 2小匙

步骤

❶ 扇骨用流动水冲洗干净。
❷ 霸王花用清水浸泡15分钟，冲洗干净。
❸ 扇骨与部分生姜一起凉水入锅，大火煮开约2分钟，边煮边撇去浮沫。将焯好的扇骨捞出，如果浮沫较多可用温水洗净。
❹ 扇骨、霸王花、红枣和剩余生姜一起放入砂煲，加适量开水。
❺ 大火烧开后烹入黄酒和香醋。
❻ 盖上盖子，转小火煲约2小时，加盐调味即可。

靓汤秘籍

★ 霸王花有2种颜色，青色的性偏寒凉，适合夏天食用。如果在其他季节喝，可以买黄色的霸王花。
★ 如果用蜜枣代替红枣，放1颗就够了。

川贝母蜜枣炖瘦肉

特点和功效

此汤汤色清澈微黄，微苦回甜，能够滋阴祛燥、润肺止咳。

食材和用量

瘦肉………… 50克
川贝母……… 3克
蜜枣………… 1颗
盐…………… 1/4小匙

步骤

❶ 把川贝母和蜜枣冲洗干净。
❷ 瘦肉洗净，切小粒。
❸ 瘦肉凉水入锅焯水，水开后撇去浮沫。将焯好的瘦肉捞出，如果浮沫较多可用温水洗净。
❹ 瘦肉、川贝母、蜜枣一起放入炖盅，加热水至九分满。
❺ 炖盅加盖，置于炖锅。在炖锅中加足量热水，大火烧开后转中火炖约2小时，加盐调味即可。

1

2

3

4

5

靓汤秘籍

★ 川贝母的用量要控制，大人一次食用不能超过5克，小孩一次食用不能超过3克。
★ 川贝母炖汤时整粒放入即可。如果与梨共炖，需要提前研碎。
★ 体质虚寒者可加2片生姜同炖。
★ 此汤可作为咳嗽的辅助食疗方。

苦瓜黄豆排骨汤

特点和功效

此汤汤色金黄，微苦回甜。苦瓜营养丰富，有清热和降血糖的作用。黄豆能够提高免疫力。此汤能够消暑除热、明目解毒，但要注意体弱虚寒者不宜多喝。

食材和用量

排骨………… 750克
苦瓜………… 1根
黄豆………… 1把
枸杞………… 15粒
生姜………… 1块
香醋………… 1小匙
黄酒………… 1汤匙
盐………… 2小匙

步骤

❶ 黄豆提前浸泡5小时至完全涨发。
❷ 排骨用流动水冲洗干净。
❸ 排骨与部分生姜一起凉水入锅，大火煮开约2分钟，边煮边撇去浮沫。将焯好的排骨捞出，如果浮沫较多可用温水洗净。
❹ 排骨和剩余生姜一同放入砂煲，加适量开水，大火烧开后烹入黄酒和香醋。
❺ 加入黄豆烧开后，盖上盖子转小火煲约2小时。
❻ 苦瓜对半剖开去瓤，斜切片。在砂煲中加入苦瓜，煲约15分钟，加枸杞煮开，加盐调味即可。

靓汤秘籍

★ 黄豆至少浸泡5小时以上。
★ 怕苦者可以加入1颗蜜枣同煲。
★ 因食材熟度不一致，苦瓜和枸杞易烂，所以要最后放。

青龙白虎汤

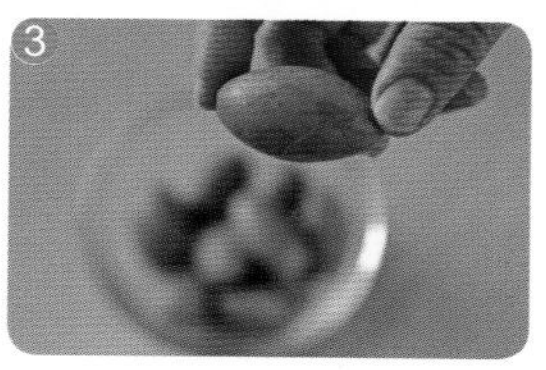

特点和功效

此汤清润鲜甜，有橄榄的清香味，且具有清热解毒、生津止渴、利咽消食的功效，对暑热邪气导致的咽喉炎、消化不良等有明显疗效。

食材和用量

龙骨………… 750克
青橄榄……… 10粒
白萝卜……… 1根
生姜………… 1块
黄酒………… 1汤匙
盐…………… 2小匙

步骤

1. 龙骨用流动水冲洗干净。
2. 龙骨与部分生姜一起凉水入锅，大火煮开约2分钟，边煮边撇去浮沫。将焯好的龙骨捞出，如果浮沫较多可用温水洗净。
3. 青橄榄冲洗干净，表面切花刀。
4. 白萝卜去皮，切块。
5. 龙骨、青橄榄和剩余生姜一起放入砂煲，加适量热水大火烧开，之后烹入黄酒，转小火盖上盖子煲约1小时。
6. 砂煲中加入白萝卜，再次烧开后煲约1小时，加盐调味即可。

靓汤秘籍

★ 煲汤最好选用新鲜的青橄榄。
★ 青橄榄切花刀是为了让有效成分快速析出，也可切块。

清补凉炖瘦肉

特点和功效

此汤汤色微黄，能够健脾益气、清凉滋补。

食材和用量

瘦肉……………… 50克
清补凉汤料…… 1/2份
盐………………… 1/4小匙

步骤

❶ 清补凉汤料冲洗干净。
❷ 瘦肉洗净，切小粒。
❸ 瘦肉凉水入锅焯水，水开后撇去浮沫。将焯好的瘦肉捞出，如果浮沫较多可用温水洗净。
❹ 瘦肉与清补凉汤料一起放入炖盅，加热水至九分满。
❺ 炖盅加盖，置于炖锅。炖锅中加足量热水，大火烧开后转中火炖约2小时，加盐调味即可。

靓汤秘籍

★ 清补凉汤料可直接用超市或药店配好的方子，如果在这些地方都买不到的话，网购也很方便。
★ 清补凉汤料中通常有党参、沙参、玉竹、芡实、淮山、红枣、桂圆、百合等，也可根据自己的需要进行增减。

CAT

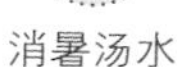

丝瓜滑肉汤

特点和功效

此汤味道鲜甜，口感滑嫩，具有滋补美白的功效。丝瓜能清暑凉血、解毒通便。

食材和用量

瘦肉………… 50克
丝瓜………… 1根
小葱………… 1根
红彩椒……… 1/2个
生抽………… 1/2汤匙
盐…………… 2小匙
芝麻油……… 1小匙
黄酒………… 1汤匙
蚝油………… 1/2汤匙
白胡椒粉…… 1小匙
红薯淀粉…… 1/2汤匙

步骤

❶ 瘦肉洗净，切片。
❷ 瘦肉中加入蚝油、白胡椒粉、红薯淀粉和部分黄酒抓匀，再加入芝麻油腌制15分钟。
❸ 丝瓜去皮，切滚刀块；红彩椒去籽，切块。
❹ 小葱切葱花。热锅热油，爆香葱花，加入丝瓜翻炒至变色。
❺ 加适量开水，中火煮约10分钟至丝瓜变软。
❻ 调成大火，下肉片和红彩椒，待肉片变色后再搅动数下。最后，加盐、黄酒和生抽，关火即可。

靓汤秘籍

★ 瘦肉最好选梅肉或者里脊肉，口感比较滑嫩。
★ 红彩椒的加入主要是为了丰富颜色，也可以不加。
★ 在锅中下入肉片后，待再次滚开即可关火，久煮会老。

薏米龙骨汤

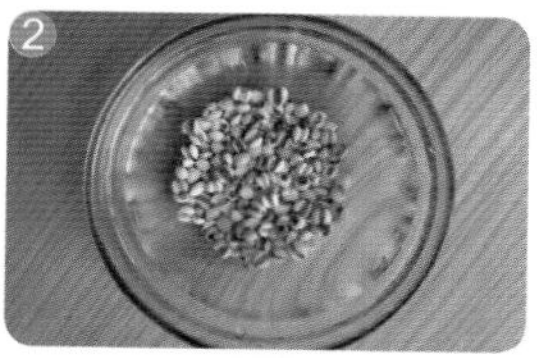

特点和功效

此汤汤色乳白，有淡淡的米香，能够利水消肿、养颜祛痘，常喝可以使皮肤光泽、细腻。

食材和用量

龙骨………… 750克
薏米………… 50克
枸杞………… 15粒
生姜………… 1块
香醋………… 1小匙
黄酒………… 1汤匙
盐…………… 2小匙

步骤

❶ 龙骨用流动水冲洗干净。
❷ 薏米清洗干净，备用。
❸ 龙骨与部分生姜一起凉水入锅，大火煮开约2分钟，边煮边撇去浮沫。将焯好的龙骨捞出，如果浮沫较多可用温水洗净。
❹ 龙骨和剩余生姜放入砂煲中，加适量开水，大火烧开后烹入黄酒和香醋。
❺ 在砂煲中加入薏米，再次煮开后盖上盖子，转小火煲约2小时。
❻ 在砂煲中加入枸杞和盐再煮5分钟即可。

靓汤秘籍

★ 用生薏米煮汤有利水消肿、养颜祛痘的作用。若用炒熟的薏米煮汤则有健脾益胃的作用。
★ 孕妇忌食薏米。

五指毛桃煲筒骨汤

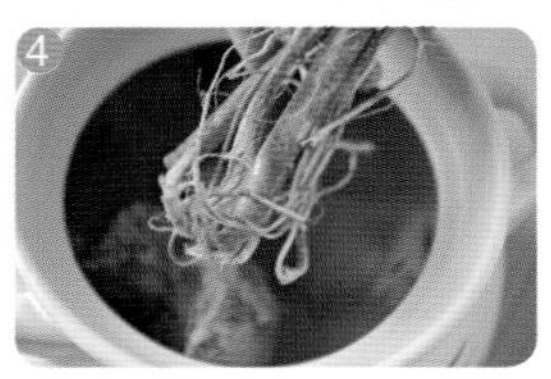

特点和功效

此汤汤色微黄，入口清甜，有诱人的香味，能平肝明目、滋阴降火。

食材和用量

筒骨………… 750克
五指毛桃…… 50克
蜜枣………… 1颗
生姜………… 1块
香醋………… 1小匙
黄酒………… 1汤匙
盐…………… 2小匙

步骤

1. 筒骨用流动水冲洗干净。
2. 五指毛桃冲洗干净。
3. 筒骨与部分生姜一起凉水入锅，大火煮开约2分钟，边煮边撇去浮沫。
4. 将焯好的筒骨加剩余生姜放入砂煲，加适量开水，加入五指毛桃和蜜枣。
5. 大火烧开后烹入黄酒和香醋。
6. 盖上盖子，转小火煲约2小时，加盐调味即可。

靓汤秘籍

★ 五指毛桃不是桃子，而是一种树根，因叶子长得像五指而得名。

榴莲煲鸡汤

特点和功效

此汤鲜美清甜，有淡淡的榴莲香味。榴莲壳性质温和，补而不燥，因此此汤能够补血益气、滋润养阴。

食材和用量

土鸡………… 1只
榴莲壳……… 1/2个
生姜………… 1块
黄酒………… 1汤匙
盐…………… 1小匙

步骤

❶ 土鸡洗净，斩大块，洗净血水。
❷ 榴莲壳取白色部分，剁小块。
❸ 土鸡、生姜和榴莲壳一同放入砂煲，加适量冷水。
❹ 大火烧开后撇去浮沫，烹入黄酒。
❺ 盖上盖子，转小火煲约2小时，加盐调味即可。

靓汤秘籍

★ 榴莲肉性热，壳却是降火良品，和鸡同煲，补而不燥。
★ 榴莲壳煲汤并没有榴莲那种浓郁而特殊的味道，不喜欢吃榴莲的人也可以接受。
★ 喜欢吃榴莲的人可以将榴莲的果核洗净，与土鸡、榴莲壳同煲。

冬瓜薏米老鸭汤

特点和功效

此汤呈玉色，清香回甜。冬瓜和薏米都具有利水渗湿、清热消炎的功效，所以此汤能够健脾化湿、祛暑除热，是夏季滋补消暑的佳品，适合全家经常饮用。

食材和用量

老鸭………… 1只
冬瓜………… 500克
薏米………… 30克
生姜………… 1块
黄酒………… 1汤匙
盐…………… 2小匙

步骤

1. 冬瓜去皮切块；薏米用清水冲洗干净。
2. 老鸭斩大块，去掉多余的脂肪，冲洗干净。
3. 老鸭与生姜一起凉水入锅，大火煮开约2分钟，边煮边撇去浮沫。将焯好的老鸭捞出，如果浮沫较多可用温水洗净。
4. 老鸭和薏米同时放入砂煲，加适量开水，烹入黄酒。
5. 再次烧开后，盖上盖子转小火煲约1小时。接着，加入冬瓜，用大火烧开。
6. 继续盖上盖子，转小火煲约1小时，加盐调味即可。

靓汤秘籍

★ 冬瓜也可不去皮，看个人喜好。
★ 煲此汤时，最好选择老鸭或者水鸭。
★ 如果在煲好汤后加入少许枸杞，汤会更好看。

蛤蜊豆腐汤

特点和功效

蛤蜊高蛋白、低热量、低脂肪，肉质鲜美无比。豆腐滑嫩入味，入口即化。此汤适合全家饮用。

食材和用量

蛤蜊………… 300克
豆腐………… 1块
火腿………… 20克
生姜………… 1块
白胡椒粉…… 1小匙

步骤

❶ 蛤蜊用海水浸泡，静置1小时，吐沙后洗净表面。

❷ 火腿提前浸泡5小时以上，凉水入锅，煮约10分钟，以去除多余的油和盐分。接着，将煮好的火腿切块。

❸ 豆腐切块，待用。

❹ 热锅凉油下入火腿和切好的生姜，用小火煎出香味后加入适量开水。

❺ 水沸后放入豆腐，盖上盖子，转小火煮约10分钟。

❻ 在锅中加入蛤蜊，盖上盖子，煮至蛤蜊全部开口。最后，视个人口味撒白胡椒粉即可。

靓汤秘籍

★ 蛤蜊具有抑制胆固醇、降低血脂的作用，因此特别适合“三高”人士。

★ 买蛤蜊的时候尽量跟商家要一些海水，因为海水更容易让蛤蜊吐沙。

★ 蛤蜊本身有咸鲜味，火腿亦有咸味，因此汤中不用再加盐。

★ 没有火腿也可以不加。

酸辣鲫鱼汤

特点和功效

此汤同时具有酸、辣、咸、鲜、香之味，能够醒神开胃、增进食欲。

食材和用量

鲫鱼………… 1条
生姜………… 1块
盐…………… 1小匙
白胡椒粉…… 2小匙
白酒………… 1/2汤匙
黄酒……………1汤匙
生抽……………1汤匙
香醋……………2汤匙
香菜（葱花） …3棵

步骤

1. 取部分生姜切片。鲫鱼清洗干净，刮干净鱼鳞，去掉内脏和鱼腹里的黑膜，加三四片姜片和白酒腌10分钟。
2. 去掉鱼身上的姜片，用厨房用纸擦干鱼身。
3. 热锅热油下入鲫鱼，转中小火，不要翻动，待一面煎黄后翻面，加剩余姜片同煎。
4. 将鲫鱼的另一面也煎黄后烹入黄酒，再加适量开水，大火煮开后转中火煮约12分钟，煮至鱼汤呈奶白色时关火。
5. 在煮鱼时，可以在大碗内加入盐、生抽、香醋、白胡椒粉调成调味汁。
6. 小心将鱼盛入大碗，并倒入鱼汤，最后根据自己的喜好撒入香菜或葱花即可。

靓汤秘籍

★ 煎鱼时最好提前用油润一下锅，就是把锅烧热后倒少许油晃匀，使油铺满整个锅底，再关火放凉。待煎鱼的时候再次烧热油，煎鱼可用锅铲轻推，能推动的时候再翻面，鱼就不容易破皮了。

★ 煮鱼时让水保持沸腾很容易煮出奶白汤。

海米冬瓜汤

特点和功效

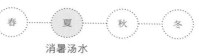

此汤汤色微黄，鲜美清淡。冬瓜有清热利尿的作用，所以此汤可去水肿，适合全家，尤其适合孕妇饮用。

食材和用量

冬瓜………… 500克
海米………… 10克
小葱………… 1根
黄酒………… 1汤匙
盐…………… 2小匙

步骤

❶ 海米提前浸泡30分钟。
❷ 冬瓜去皮，切块。
❸ 热锅凉油，放入浸泡过的海米，小火慢慢煸成金黄色。
❹ 小葱切窄段。在锅中将小葱煸出香味后，再放入冬瓜翻炒均匀。
❺ 加热水没过冬瓜。
❻ 大火烧开后，盖上盖子，转中火煮约20分钟，起锅前加盐，烹入黄酒即可。

靓汤秘籍

★ 海米提前浸泡30分钟口感更好。
★ 煮的时间根据冬瓜块的厚薄大小来调整，以冬瓜近乎透明为宜，关火后冬瓜还会继续熟软。

红苋菜汤

特点和功效

此汤汤色绯红，有清香味，适合全家经常饮用。红苋菜有清热解毒、明目利咽、止血消炎的作用。

食材和用量

红苋菜……… 500克
大蒜………… 2瓣
盐…………… 2小匙

步骤

1. 红苋菜择去老根，留嫩茎和叶，清洗干净。
2. 在锅中放油，小火炒香蒜瓣。
3. 在锅中下红苋菜翻炒。
4. 炒至红苋菜塌秧时加入水，水量要达到红苋菜高度1.5倍的位置，待大火烧开后，盖上盖子转中火煮约12分钟至红苋菜软烂，加盐调味即可。

靓汤秘籍

★ 红苋菜一定要择去老根，否则口感不好。
★ 红苋菜比绿苋菜的营养价值更高。

番茄蛋花浓汤

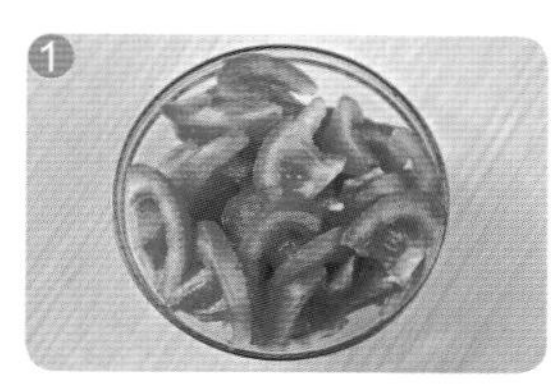

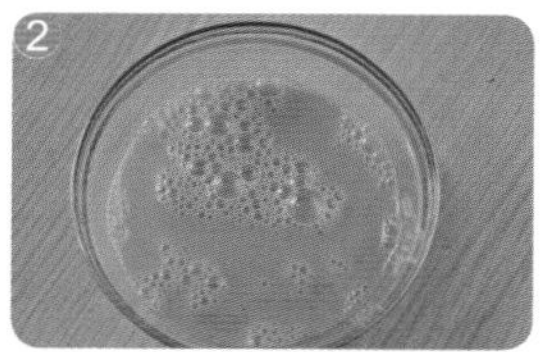

特点和功效

此汤颜色鲜艳，鲜香开胃，适合全家经常饮用。番茄含有丰富的番茄红素，有独特的抗氧化作用，能预防心血管疾病。

食材和用量

番茄············ 2个
鸡蛋············ 2枚
生抽············ 2小匙
香醋············ 1小匙
盐·············· 2小匙

步骤

1. 番茄洗净，切小块。
2. 鸡蛋打散，备用。
3. 热锅凉油，下入番茄翻炒，边炒边用锅铲将番茄切碎，最后炒压成泥状。
4. 在锅中加适量开水煮约5分钟。
5. 在锅中加盐、生抽和香醋调味。
6. 将蛋液以画圈的方式淋入锅中，待蛋花全熟后即可。

靓汤秘籍

★ 番茄一定要选择完全熟透的，因为青番茄含有较多的生物碱，大量食用后会出现中毒症状。

★ 煮番茄时加少许香醋风味更佳，而且醋能破坏生物碱。

★ 倒入蛋液时一定要转小火，保持似沸非沸的状态，等蛋液成型后再用筷子略搅动。

★ 在做好的番茄蛋花浓汤中，可按照个人喜好撒些葱花或香菜。

番茄蔬菜浓汤

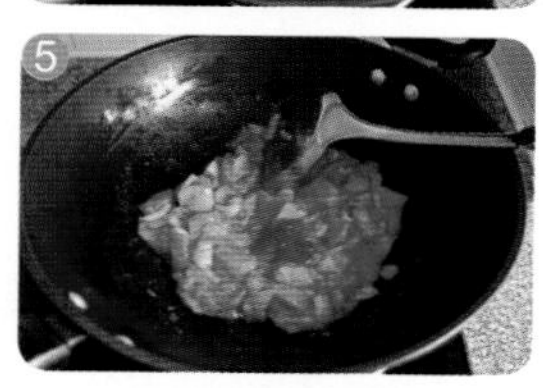

特点和功效

此汤酸香开胃，汤中的番茄、洋葱、土豆、胡萝卜等蔬菜富含维生素、矿物质和纤维素，能够提高抵抗力、增进食欲、帮助消化，是一道老少皆宜的营养保健汤。

食材和用量

番茄………… 2个
土豆………… 1个
洋葱………… 1/2个
胡萝卜……… 1/2根
番茄酱……… 2汤匙
白胡椒粉…… 1小匙
盐…………… 2小匙

步骤

1. 土豆去皮，切小块，用清水浸泡备用。
2. 洋葱和胡萝卜皆去皮，切小块。
3. 番茄去皮，切小块。
4. 热锅凉油，依次下入洋葱和胡萝卜翻炒。炒至洋葱透明时下番茄，边炒边用锅铲将番茄切碎。
5. 至番茄炒成糊状时，在锅中加番茄酱炒匀，再加适量热水。
6. 大火烧开后下入土豆，加盐调味后，盖上盖子转小火煮约15分钟。待土豆煮软后撒些白胡椒粉即可。

靓汤秘籍

★ 去掉番茄的皮口感会更好，但番茄皮富含番茄红素，可根据个人喜好决定是否去皮。

★ 番茄煮汤时一定要炒成糊状，才能把番茄的香味完全散发出来。

★ 番茄酱可令汤色更加漂亮，口味也更丰富。

Onion
Basil

花旗参炖雪梨

特点和功效

此汤清润，饮用时可回甘。花旗参能提高免疫力，雪梨清热化痰，所以此汤能够补气养阴、清心润肺，适宜全家经常饮用。

食材和用量

花旗参……… 3克
雪梨………… 1个

步骤

❶ 雪梨去皮、去核，切成大块。
❷ 花旗参与雪梨一起放入炖盅，加入适量热水。
❸ 炖盅加盖，置于炖锅。在炖锅中加足量热水，大火烧开后转中火炖约1小时即可。

靓汤秘籍

★ 如果想在此基础上辅助治疗咳嗽，可以加3克川贝母。
★ 本品有雪梨的清甜，花旗参也略有回甘，因此不用加糖，特别喜爱甜食的人可加少许冰糖同炖。

茅根竹蔗马蹄糖水

特点和功效

此汤汤色清澈微黄，味道甘甜清香。茅根可凉血、止血，竹蔗可益血补肝，所以此汤能够生津解渴、清热润燥。

食材和用量

茅根………… 1把
竹蔗………… 1/2根
马蹄………… 8个
胡萝卜……… 1/2根

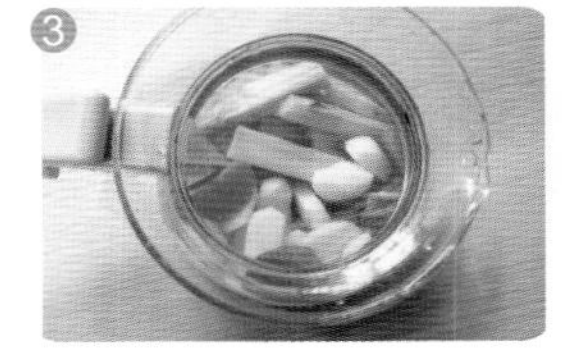

步骤

❶ 茅根洗净，剪成8厘米左右的段；竹蔗切成同样长度的段，再从中间按十字劈开。
❷ 胡萝卜去皮，切块；马蹄去皮，切厚片。
❸ 茅根、竹蔗、马蹄、胡萝卜放入锅中加1升凉水。
❹ 盖上盖子，大火烧开后转小火煲约30分钟即可。

靓汤秘籍

★ 脾胃虚寒者少放茅根。
★ 竹蔗、马蹄都有甜味，可不用加糖。如果特别喜欢甜食的话，可加少许冰糖同炖。

酸梅汤

特点和功效

此汤酸甜适口，香气浓郁。酸梅汤不仅能消暑止渴，还能迅速消除疲劳。此外，酸梅汤还具有极强的抗菌能力，能帮助消化、增进食欲、防止腹泻。

食材和用量

干山楂……… 50克
乌梅………… 35克
乌枣………… 35克
甘草………… 3克
冰糖………… 50克
干桂花……… 3小匙

步骤

1. 除干桂花和冰糖外的食材用流动水冲洗干净。
2. 将冲洗干净的食材放入玻璃容器中，加1升清水浸泡1小时。
3. 玻璃容器放到电磁炉上，盖上盖子，大功率煮开后转小功率煲约30分钟。
4. 将汤汁过滤到大碗中。在汤渣中再次加入800毫升清水，大功率模式烧开后转小功率煮约20分钟。
5. 将两次煮出来的汤汁混合均匀，汤渣倒掉不要。
6. 将汤汁倒回玻璃容器中，烧开后加入冰糖，煮至冰糖溶化，加干桂花即可。

靓汤秘籍

★ 酸梅汤容易变质，一次喝不完可装密封瓶放冰箱保存，3天内喝完。

★ 酸梅汤可直接饮用，也可加入冰块后饮用，冰酸梅汤喝起来口感更佳，也更消暑。

杨枝甘露

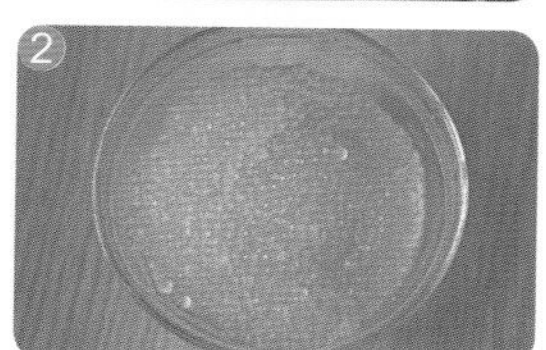

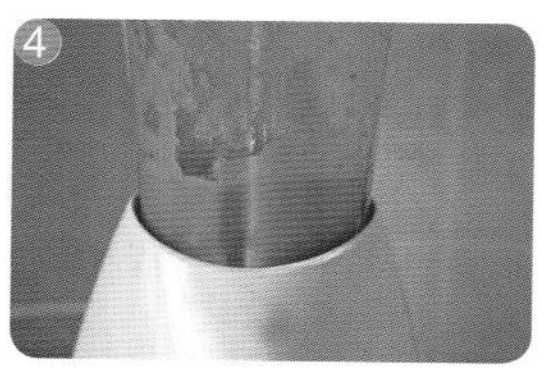

特点和功效

杨枝甘露是著名港式甜品，香滑可口，甜而不腻，是夏季必备的糖水。

食材和用量

大芒果……… 1个
西柚………… 1/4个
西米………… 40克
细砂糖……… 40克
椰浆………… 150毫升
淡奶油……… 50毫升

步骤

1. 锅中加入500毫升清水烧开，倒入洗净的西米，大火烧开后转小火煮约15分钟。待西米表面呈透明状，中心有小白点时关火焖约8分钟。
2. 煮好的西米用凉开水冲洗至冷却，接着滤掉水分。
3. 取1/4的芒果切小粒；西柚剥出果粒备用。
4. 其余3/4的芒果放入料理机，加细砂糖和少许凉开水打成果泥。
5. 将芒果果泥倒入大碗中，加入西米和椰浆。
6. 加入淡奶油搅拌均匀即可。

靓汤秘籍

★ 芒果一定要选择完全成熟的。
★ 西柚的酸味可中和芒果的甜腻，也可用普通柚子代替。
★ 煮西米的水量一定要大，而且要记住水开后再将西米入锅，否则西米很容易煳底。
★ 椰浆味道比普通椰汁味道醇厚，没有也可用椰汁代替。
★ 淡奶油也可换成等量的牛奶。
★ 将做好的杨枝甘露放入冰箱冷藏1小时以上口感会更好。

秋

防燥汤水

秋季养生重在养阴防燥。古人说“一夏无病三分虚”，因此，秋天也是进补的大好时机。

板栗排骨汤

特点和功效

此汤汤色微黄，甘香回甜，能够养胃健脾、补肾强筋，适合全家经常饮用。汤中的板栗富含不饱和脂肪酸和多种维生素，适当食用对人体有很大的益处。

食材和用量

排骨………… 750克
板栗………… 150克
枸杞………… 15粒
生姜………… 1块
香醋………… 1小匙
黄酒………… 1汤匙
盐…………… 2小匙

步骤

❶ 板栗洗净，用清水浸泡。
❷ 排骨用流动水冲洗干净。
❸ 排骨与部分生姜一起凉水入锅，大火煮开约2分钟，边煮边撇去浮沫。将焯好的排骨捞出，如果浮沫较多可用温水洗净。
❹ 排骨和剩余生姜一起放入砂煲中，加适量开水炖煮。
❺ 待大火烧开后烹入黄酒和香醋，再加入板栗。
❻ 再次煮开后，盖上盖子转小火煲约2小时，加枸杞和盐煮5分钟即可。

靓汤秘籍

★ 板栗较难消化，一次不宜吃多。
★ 板栗一定要新鲜，变质的板栗会引起中毒。

海带猪骨汤

特点和功效

此汤汤色青绿，香气独特。海带含碘量极高，素有“长寿菜”的美誉，因此此汤也有保健功效，适合全家经常饮用。

食材和用量

扇骨………… 750克
水发海带结… 100克
绿豆………… 30克
生姜………… 1块
香醋………… 1小匙
黄酒………… 1汤匙
盐………… 2小匙

步骤

1. 扇骨用流动水冲洗干净。
2. 水发海带结冲洗干净。
3. 绿豆冲洗干净。
4. 扇骨与生姜一起凉水入锅，大火煮开约2分钟，边煮边撇去浮沫。将焯好的扇骨捞出，如果浮沫较多可用温水洗净。
5. 扇骨、水发海带结和绿豆一起放入砂煲，加适量开水。
6. 大火烧开后烹入黄酒和香醋，盖上盖子，转小火煲约2小时，加盐调味即可。

靓汤秘籍

★ 这里用的是市场上售卖的已发好的海带结。如果有时间，自己用干海带泡发后再制作此汤，成品味道更好。如果用干海带自己泡发，要提前浸泡2小时。

★ 绿豆有解毒的功效，吃中药的人不要加绿豆。

罗汉果炖龙骨

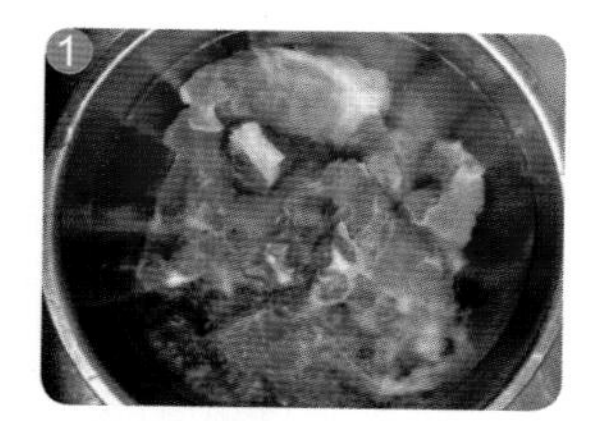

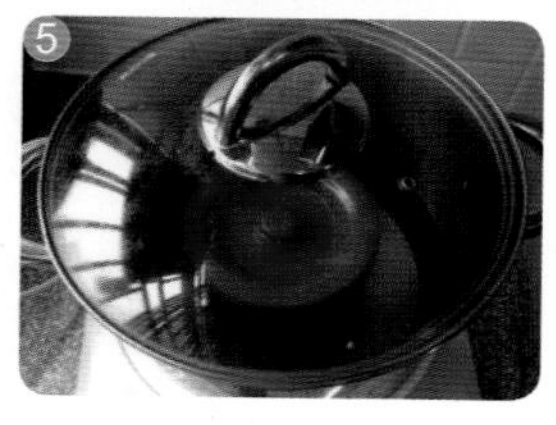

特点和功效

此汤呈深褐色，有明显的甜味和淡淡的药味。罗汉果有“神仙果”的美誉，能够润肺止咳、消炎去毒，所以此汤可以作为肺热咳嗽的辅助食疗方。

食材和用量

龙骨………… 3块
罗汉果……… 1/2个
陈皮………… 5克
生姜………… 1块

步骤

1. 龙骨用流动水冲洗干净。
2. 罗汉果切开，取其中的1/2。
3. 猪骨与生姜一起凉水入锅，大火煮开约2分钟，边煮边撇去浮沫。
4. 将焯好的龙骨置于炖盅内，加入罗汉果和陈皮，加热水至九分满。
5. 炖盅加盖，置于炖锅。在炖锅中加足量热水，大火烧开后转中火炖约2.5小时即可。

靓汤秘笈

★ 体质虚弱或首次吃罗汉果的人可将罗汉果调整为1/4个。
★ 风寒咳嗽要在步骤4的炖盅中加入炒过的陈皮和姜片，再加数滴广东米酒，罗汉果调整为1/4个。
★ 此汤为食疗汤，不用加盐。

鸡骨草煲猪骨汤

特点和功效

此汤呈黄褐色，有独特的药材香气，微苦，能够清热解毒，适合全家饮用。

食材和用量

扇骨………… 750克
鸡骨草……… 1把
蜜枣………… 1颗
生姜………… 1块
香醋………… 1小匙
黄酒………… 1汤匙
盐…………… 2小匙

步骤

1. 扇骨用流动水冲洗干净。
2. 鸡骨草浸泡15分钟，冲洗干净。
3. 扇骨与生姜一起凉水入锅，大火煮开约2分钟，边煮边撇去浮沫。将焯好的扇骨捞出，如果浮沫较多可用温水洗净。
4. 扇骨、鸡骨草、蜜枣放入砂煲，加适量开水。
5. 大火烧开后烹入黄酒和香醋。
6. 盖上盖子，转小火煲约2小时，加盐调味即可。

靓汤秘籍

★ 鸡骨草有养肝的作用，可作护肝之用。

★ 鸡骨草有较好的散瘀作用。

莲藕筒骨汤

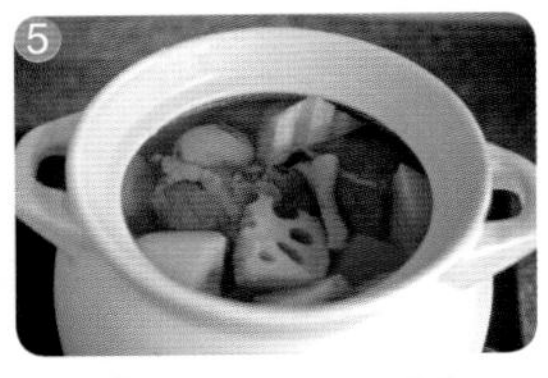

特点和功效

此汤呈乳白色，清香回甘，能够养血补虚、补益五脏，适合全家经常饮用。

食材和用量

筒骨	750克	香醋	1小匙
莲藕	1根	黄酒	1汤匙
胡萝卜	1根	盐	2小匙
生姜	1块		

步骤

1. 筒骨用流动水冲洗干净。
2. 莲藕冲洗干净，去皮，切滚刀块。
3. 胡萝卜冲洗干净，去皮，切滚刀块。
4. 筒骨与部分生姜一起凉水入锅，大火煮开约2分钟，边煮边撇去浮沫。将焯好的筒骨捞出，如果浮末较多可用温水洗净。
5. 将筒骨、莲藕、胡萝卜和剩余生姜一起放入砂煲，加适量开水。
6. 大火烧开后烹入黄酒和香醋，盖上盖子，转小火煲约2小时，加盐调味即可。

靓汤秘籍

★ 莲藕分脆藕和粉藕，脆藕细而少孔，粉藕粗且多孔。煲汤时尽量选择粉藕，拌炒时尽量选择脆藕。

★ 藕容易变黑，炖煮时不要用铁锅。将藕切开后应尽早入锅，暂时不用的话可用清水浸泡。

墨鱼干煲排骨汤

特点和功效

此汤汤色金黄，鲜味浓郁，香气十足。墨鱼干味道鲜美，营养丰富，药用价值高。此汤能够益血补肾，适合全家经常饮用。

食材和用量

排骨………… 750克
墨鱼干……… 100克
枸杞………… 15粒
生姜………… 1块
香醋………… 1小匙
黄酒………… 1汤匙
盐…………… 2小匙

步骤

1. 排骨用流动水冲洗干净。
2. 墨鱼干用清水泡发，洗净切条。
3. 排骨与部分生姜一起凉水入锅，大火煮开约2分钟，边煮边撇去浮沫。将焯好的排骨捞出，如果浮沫较多可用温水洗净。
4. 排骨和剩余生姜一起放入砂煲，加适量开水大火烧开，烹入黄酒和香醋。
5. 在砂煲中加入墨鱼干。
6. 大火煮开后，盖上盖子，转小火煲约2小时，最后加入枸杞再煮5分钟，加盐调味即可。

靓汤秘籍

★ 墨鱼干至少要浸泡8小时才能完全涨发。

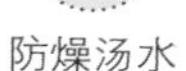

生地熟地汤

特点和功效

此汤呈黑褐色，鲜美回甜，有特殊的药材香气。生地清热凉血，熟地补血生津，所以此汤能滋补养阴，尤其适合血热生痘人士。

食材和用量

筒骨………… 750克
生地………… 30克
熟地………… 10克
生姜………… 1块
黄酒………… 1汤匙
盐…………… 2小匙

步骤

1. 生地、熟地冲洗干净，用清水浸泡30分钟。
2. 筒骨用流动水冲洗干净。
3. 筒骨与生姜一起凉水入锅，大火煮开约2分钟，边煮边撇去浮沫。将焯好的筒骨捞出，如果浮沫较多可用温水洗净。
4. 筒骨、生地和熟地一起放入砂煲，加适量开水。
5. 大火煮开后烹入黄酒。
6. 大火再次煮开后，盖上盖子，转小火煲约2小时，加盐调味即可。

靓汤秘籍

★ 生地和熟地这两种药材看起来很像，功效却完全不同，生地性寒，熟地性温。

★ 熟地滋腻滞脾，有碍消化，因此熟地的量大约是生地的1/3即可。

无花果菜干猪展汤

特点和功效

此汤清甜可口，鲜美滋润，能够清热润肺、滋阴除燥，还能够增强免疫力，适合全家经常饮用。无花果被誉为“生命果”，是一种高蛋白、高矿物质、低热量的碱性食物。

食材和用量

无花果……… 8粒
菜干………… 3把
猪展肉……… 300克
生姜………… 1块
黄酒………… 1汤匙
盐…………… 2小匙

步骤

1. 菜干提前浸泡2小时，洗净杂质。
2. 无花果冲洗干净，用清水稍浸泡。
3. 猪展肉洗净后切大块，与生姜一起凉水入锅，大火煮开约2分钟，边煮边撇去浮沫。将焯好的猪展肉捞出，如果浮沫较多可用温水洗净。
4. 菜干、猪展肉和无花果放入砂煲，加适量热水，大火烧开后烹入黄酒。
5. 盖上盖子，转小火煲约2小时，加盐调味即可。

靓汤秘籍

★ 猪展肉指猪小腿上的肉，以瘦肉为主，中间夹杂筋膜，煲汤用时口感细嫩滑润。此汤亦可用猪骨代替猪展肉。

★ 无花果甜味较重，不喜食甜的人可适当减少无花果的量。

竹蔗马蹄猪骨汤

特点和功效

此汤汤色乳白，清爽甘甜，能够养阴生津、清热解毒，适合全家经常饮用。

食材和用量

龙骨………… 750克
竹蔗………… 1/2根
马蹄………… 8个
生姜………… 1块
香醋………… 1小匙
黄酒………… 1汤匙
盐…………… 2小匙

步骤

❶ 竹蔗削净表皮后切段，再一劈为四；马蹄去皮，洗净，切厚片。
❷ 龙骨用流动水冲洗干净。
❸ 龙骨与生姜一起凉水入锅，大火煮开约2分钟，边煮边撇去浮沫。将焯好的龙骨捞出，如果浮沫较多可用温水洗净。
❹ 龙骨、竹蔗、马蹄一起置于砂煲中，加适量开水大火烧开。接着，烹入黄酒和香醋。
❺ 待再次烧开后，盖上盖子，转小火煲约2小时，加盐调味即可。

靓汤秘籍

★ 竹蔗买的时候可以让商家削净表皮并砍成段。

花生猪尾汤

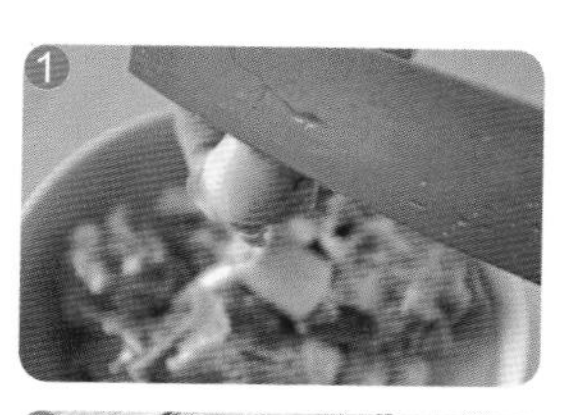

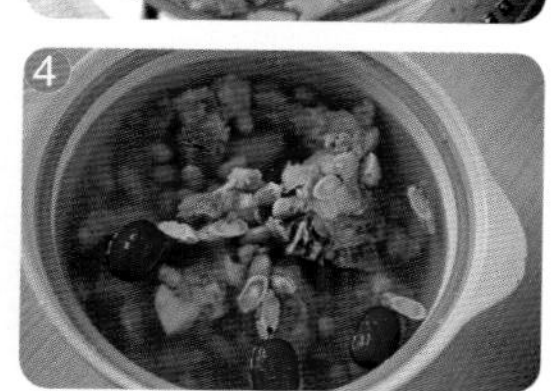

特点和功效

此汤呈奶白色，质地黏稠，能够补阴益髓、美容丰胸，还可改善腰酸背痛，预防骨质疏松，适合全家经常饮用。

食材和用量

猪尾骨……… 1根
干花生仁…… 80克
黄芪………… 10克
红枣………… 3颗
花椒………… 2克
生姜………… 1块
香醋………… 1小匙
黄酒………… 1汤匙
盐…………… 2小匙

步骤

❶ 猪尾骨浸泡半小时，用刀刃刮干净表皮的脏东西，再用流动水冲洗干净。

❷ 干花生仁提前浸泡10小时。

❸ 猪尾骨与生姜、花椒一起凉水入锅，大火煮开约2分钟，边煮边撇去浮沫。将焯好的猪尾骨捞出，如果浮沫较多可用温水洗净。

❹ 猪尾骨和干花生仁、黄芪、红枣一同放入砂煲中，加适量开水大火烧开，接着烹入黄酒和香醋。

❺ 中火煮开约10分钟，盖上盖子，转小火煲约2小时，加盐调味即可。

靓汤秘籍

★ 猪尾的异味比较重，焯水的时候加些花椒可以有效地去除异味。

★ 这道汤还有治疗脾肾两虚的作用。

Basil
Basil onion

木瓜雪耳瘦肉汤

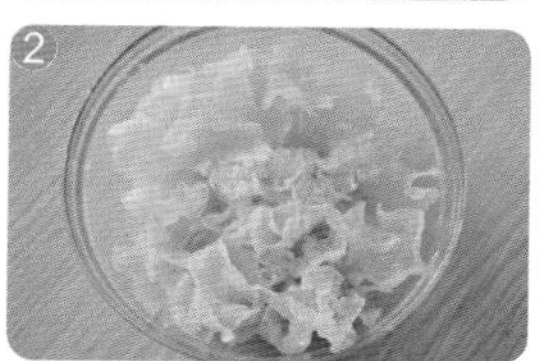
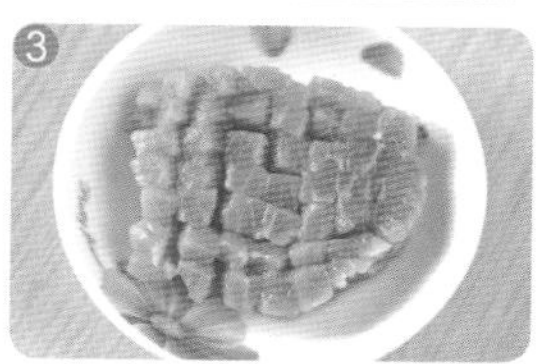

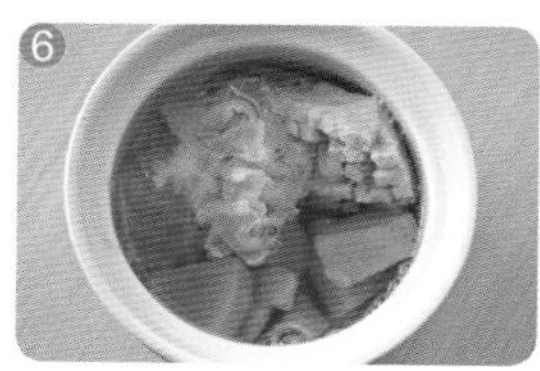

特点和功效

此汤汤色清亮，质地黏稠，果香浓郁，能够温润清肺、排毒养颜，适合全家经常饮用。

食材和用量

瘦肉………… 50克
木瓜………… 1/3个
银耳………… 1/4朵
盐…………… 1/4小匙

步骤

❶ 银耳提前浸泡8小时以上。
❷ 泡发后的银耳撕小朵，冲洗干净。
❸ 瘦肉洗净，表面切花刀，刀口要横竖交错，但不能切断，要确保底部相连。
❹ 瘦肉凉水入锅焯水，水开后撇去浮沫。将焯好的瘦肉捞出，如果浮沫较多可用温水洗净。
❺ 木瓜去皮，果肉切块。
❻ 瘦肉、木瓜、银耳放入炖盅，加热水至九分满。再将炖盅加盖，置于炖锅。在炖锅中加足量热水，大火烧开后转中火炖约2小时，加盐调味即可。

靓汤秘籍

★ 银耳提前浸泡的时间越长，口感越软糯。

黄花菜煲鸡汤

特点和功效

此汤汤色金黄，清香馥郁，鲜甜适口，适合全家经常饮用。其中的黄花菜富含卵磷脂和胡萝卜素，有较好的健脑、抗衰老功效。

食材和用量

土鸡………… 1只
干黄花菜…… 50克
生姜………… 1块
黄酒………… 1汤匙
盐…………… 2小匙

步骤

❶ 土鸡处理干净，斩大块，洗净血水。
❷ 干黄花菜冲洗干净，剪去老根，稍浸泡。
❸ 土鸡和生姜一起放入砂煲，加入适量冷水，大火烧开后撇去浮沫。
❹ 在砂煲中烹入黄酒，下入黄花菜，并用大火烧开。
❺ 盖上盖子，转小火煲约2小时，加盐调味即可。

靓汤秘籍

★ 新鲜黄花菜中含秋水仙碱，因此最好选择干黄花菜。
★ 鸡的血沫很少，煲鸡汤时鸡可以不用预先焯水，直接加冷水炖煮即可。

CAT

姬松茸煲鸡汤

特点和功效

此汤呈深褐色，菌香浓郁，味道鲜美，具有抗癌和提升免疫力的功效，适合全家经常饮用。其中的姬松茸富含蛋白质、氨基酸和多种矿物质，味纯鲜香，食用价值极高。

食材和用量

土鸡………… 1只
姬松茸……… 50克
生姜………… 1块
黄酒………… 1汤匙
盐…………… 2小匙

步骤

1. 土鸡处理干净，斩大块，洗净血水。
2. 姬松茸浸泡15分钟，洗净泥沙，再用清水浸泡30分钟。
3. 土鸡、姬松茸和生姜一起放入砂煲，加适量冷水，大火烧开后撇去浮沫。
4. 在砂煲中烹入黄酒。
5. 盖上盖子，小火煲约2小时，加盐调味即可。

靓汤秘籍

★ 姬松茸对癌细胞有抑制作用，是癌症患者食疗方中主要的食材之一。

★ 鸡的血沫很少，煲鸡汤时鸡可以不用预先焯水，直接加冷水炖煮即可。

Oct.!

土茯苓老鸭汤

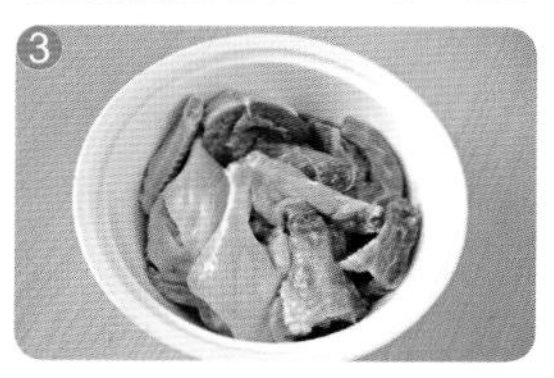

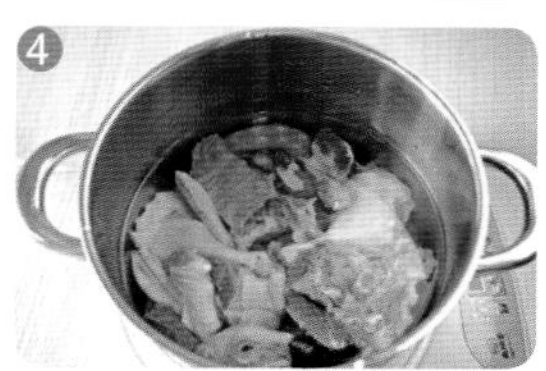

特点和功效

此汤汤色微黄，清甜回甘。汤中的土茯苓可利湿解毒、健脾胃，老鸭可滋五脏之阴、清虚劳之热，所以此汤有祛湿补血、养胃生津的功效，适合全家经常饮用。

食材和用量

老鸭………… 1只
鲜土茯苓…… 100克
生姜………… 1块
黄酒………… 1汤匙
盐…………… 2小匙

步骤

❶ 鲜土茯苓刮净表皮，切片；生姜切片。

❷ 鲜土茯苓放入砂煲中，加适量清水大火煮开，接着转小火煮约30分钟。

❸ 利用这个时间收拾老鸭，斩大块，去掉多余的脂肪，冲洗干净。

❹ 老鸭与部分生姜一起凉水入锅，大火煮开约2分钟，边煮边撇去浮沫。将焯好的老鸭捞出，如果浮沫较多可用温水洗净。

❺ 老鸭和剩余生姜一起放入炖煮土茯苓的砂煲中。如果水不够，可补充适量开水。

❻ 大火烧开后烹入黄酒，盖上盖子，转小火煲约2小时，加盐调味即可。

靓汤秘籍

★ 土茯苓很耐煲，药性很难煲出来，因此要提前煲30分钟出味。

★ 煲汤选老鸭或者水鸭效果最好。

鸭血粉丝汤

特点和功效

此汤汤浓味美，鲜香酸辣，含铁量较高，是最理想的补血品之一，适合全家经常饮用。

食材和用量

鸭血………… 250克
绿豆粉丝…… 1把
蒜苗………… 2根
花椒………… 10粒
生姜………… 1块
鲜鸭汤……… 1大勺
盐…………… 1小匙
生抽………… 1汤匙
香醋………… 1/2汤匙
白胡椒粉…… 1小匙
辣椒油……… 1小匙

步骤

1. 鸭血焯水后切长条；绿豆粉丝用凉水浸泡30分钟；蒜苗切小段。
2. 大碗中放入蒜苗、盐、生抽、香醋和白胡椒粉。
3. 绿豆粉丝放入开水中烫煮约5分钟，然后捞入大碗。
4. 鸭血、花椒和生姜一起下入开水锅中煮约2分钟。
5. 鸭血捞出后，铺在粉丝上，浇上鲜鸭汤，放入少许辣椒油拌匀即可。

靓汤秘籍

★ 鸭血最好用超市买的凝固熟鸭血。如果用新鲜鸭子的血，则要在血中调入少许盐，待血凝固后，凉水入锅，加生姜和花椒，水开后转最小火浸烫约10分钟即成熟鸭血。

★ 鲜鸭汤可以让鸭血粉丝汤的味道更加鲜美，也可用其他高汤代替。

★ 喜欢清淡口味则可不加香醋和辣椒油。

火腿豆腐汤

特点和功效

此汤鲜咸浓郁，香气扑鼻。汤中的豆腐富含优质蛋白和钙，海米也有补钙的作用，所以此汤适合全家，尤其是老人、小孩经常饮用。

食材和用量

客家豆腐…… 1块
火腿………… 20克
海米………… 10粒
小葱………… 1根
白胡椒粉…… 1小匙

步骤

1. 火腿浸泡5小时以上，切小块。
2. 海米浸泡30分钟。
3. 豆腐切小块。
4. 热锅凉油，煎香海米和3/4切好段的小葱，加适量热水。水开后放入火腿，用中火煮约10分钟。
5. 在锅中下入豆腐，煮开后盖上盖子转小火煮约5分钟。
6. 在锅中加入少许白胡椒粉，关火撒入葱花即可。

靓汤秘籍

★ 火腿很咸，需要提前泡掉多余的盐分和油。

★ 客家豆腐介于嫩豆腐和老豆腐之间，如果不方便购买也可用嫩豆腐代替。

杂菌豆腐汤

特点和功效

此汤鲜美可口，菌味香浓。汤中的菌菇含多种氨基酸和矿物质，豆腐富含优质蛋白，所以此汤能调节人体机能、增强免疫力，适合全家经常饮用。

食材和用量

豆腐………… 1块
草菇………… 100克
平菇………… 100克
水发香菇…… 50克
蒜苗………… 2根
生姜………… 1块
黄酒………… 1汤匙
水淀粉……… 2汤匙
盐…………… 2小匙

步骤

1. 豆腐切小块；蒜苗切小段；生姜切丝。
2. 所有菌菇清洗干净，用淡盐水浸泡20分钟，撕小朵。
3. 热锅凉油，下入生姜小火煸出香味。
4. 转至大火，下入所有菌菇翻炒。待出汤后加适量开水，煮至菌菇变软。
5. 加入豆腐煮约3分钟，加盐和黄酒。
6. 用水淀粉勾薄芡，关火撒入蒜苗即可。

靓汤秘籍

★ 菌菇可根据个人口味选择。
★ 水淀粉用玉米淀粉和水按1：5的比例调匀即可。

薏米红豆汤

特点和功效

此汤呈红褐色，有淡淡的米香和豆香。汤中的薏米可治湿痹，久服能够轻身益气；红豆可补心、健脾胃，所以薏米红豆汤是去湿邪最好的食疗汤，适合全家经常饮用。

食材和用量

薏米………… 50克
红豆………… 50克
冰糖………… 适量

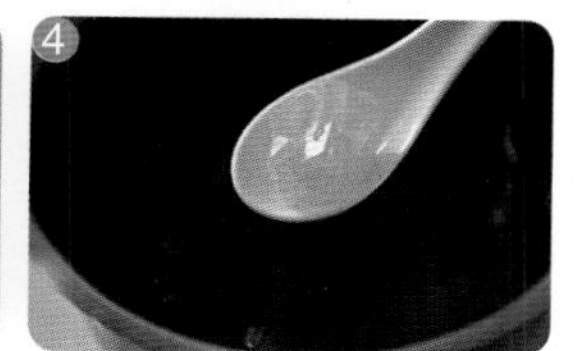

步骤

1. 薏米和红豆洗净后浸泡3小时。
2. 薏米、红豆连同浸泡的水一同倒入锅中，水不够的话可补充适量清水。
3. 大火烧开后，盖上盖子，转小火煮约1.5小时，煮至薏米和红豆软烂。
4. 在锅中加入冰糖即可。

靓汤秘籍

★ 薏米和红豆都不算黏糯，所以此汤的口感很清爽。
★ 此汤不可加米，否则会失去功效。
★ 煮薏米红豆汤时可用高压锅，煮约20分钟即可。
★ 冰糖可视个人口味选择放与不放。

芒果西米捞

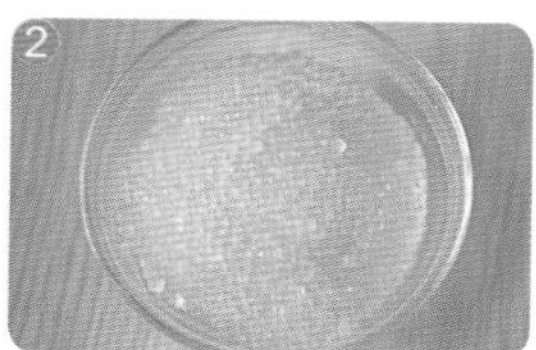

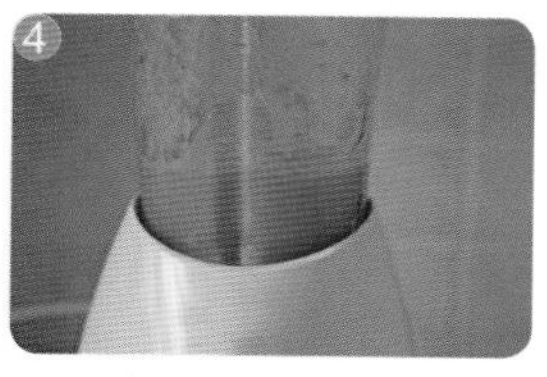

特点和功效

此糖水香甜可口、浓滑细腻，其中的西米具有健脾、清肺、化痰的功效，并且还能润泽皮肤。因此，可以说各种用西米制成的糖水都很适合秋天。

食材和用量

芒果………… 1个
西米………… 30克
细砂糖……… 30克
椰汁………… 150毫升
淡奶………… 50毫升

步骤

❶ 锅中加入500毫升清水烧开，倒入西米再次烧开后转小火煮约15分钟，待西米表面呈透明状、中心有小白点时关火焖约8分钟。
❷ 将煮好的西米用凉开水冲洗至冷却后，滤掉表面水分。
❸ 取1/4芒果切小粒，剩余3/4的芒果随意切块。
❹ 将3/4随意切块的芒果放入料理机，加细砂糖和少许凉开水打成果泥。
❺ 将芒果果泥倒入大碗中，加入西米和椰汁搅拌均匀。
❻ 加入淡奶搅拌均匀后放入冰箱冷藏1小时以上，取出后放入1/4切成小粒的芒果即可。

靓汤秘籍

★ 可以根据个人喜好添加其他水果或冰激凌等。
★ 食谱中的椰汁换成牛奶一样香滑。

南北杏银耳炖雪梨

特点和功效

此汤清甜温润，有杏仁的浓郁香气，能够滋阴润肺、止咳平喘，特别适合干燥的天气。

食材和用量

雪梨…………1个
南杏…………5克
北杏…………2克
银耳…………1/5朵
冰糖…………15克

步骤

1. 银耳提前浸泡8小时以上，泡发后撕小朵。
2. 雪梨切开顶部，用小刀挖掉梨核。
3. 在梨的中空部分放入南杏、北杏和银耳，并用雪梨切下去的顶部扣在上面。
4. 将梨和冰糖一起放入炖盅，并加入适量热水。
5. 炖盅加盖，置于炖锅。在炖锅中加入足量热水，大火烧开后盖上盖子转中火炖约2小时即可。

靓汤秘籍

★ 雪梨也可去皮、去核后切小块，与其他食材一起放入炖盅中煲制此汤。

★ 杏仁有微毒，必须去皮，一次不可食用过多。

★ 南杏清甜，北杏微苦。因此，南北杏混用时通常南杏的量会比较多。

滋补汤水

冬季寒冷干燥，是药膳进补的最佳时节，饮食以驱寒藏热为根本。

虫草花桂圆炖瘦肉（1人份）

特点和功效

此汤汤色金黄，鲜美回甘，能够开胃益脾、壮阳补肾、调节免疫力，适合全家经常饮用。

食材和用量

瘦肉………… 50克
新鲜虫草花… 80克
盐…………… 1/4小匙
桂圆干……… 6颗
生姜………… 1小块

步骤

1. 瘦肉洗净，切小粒。
2. 瘦肉凉水入锅焯水，水开后撇去浮沫。将焯好的瘦肉捞出，如果浮沫较多可用温水洗净。
3. 新鲜虫草花和桂圆干冲洗干净；生姜切片。
4. 上述4种食材放入炖盅，加热水至九分满。
5. 炖盅加盖，置于炖锅。在炖锅中加入足量热水，大火烧开后转中火炖约2小时，加盐调味即可。

靓汤秘籍

★ 虫草花不是虫草，与香菇、平菇等同为菌类，营养丰富，口感爽脆，久炖不烂。

★ 没有新鲜虫草花可用干虫草花代替。

红枣当归排骨汤

特点和功效

此汤汤色微黄，闻起来有浓郁的当归、红枣的香气，喝起来有淡淡的甜味。红枣是补气养血圣品，当归亦可补血行血，所以此汤能够益气血、补虚损、增强免疫力，适合全家，尤其是女性经常饮用。

食材和用量

排骨………… 750克
红枣………… 8颗
当归………… 10克
生姜………… 1块
盐…………… 2小匙

步骤

❶ 红枣浸泡15分钟洗净。
❷ 排骨用流动水冲洗干净。
❸ 排骨与部分生姜一起凉水入锅，大火煮开约2分钟，边煮边撇去浮沫。将焯好的排骨捞出，如果浮沫较多可用温水洗净。
❹ 排骨与剩余的生姜一起放入砂煲，加入适量开水，再加入红枣和当归。
❺ 大火煮开后，盖上盖子，转小火煲约2小时，加盐调味即可。

靓汤秘籍

★ 红枣久煮后会有甜味渗出，不喜甜食的人可以晚半小时放入红枣。
★ 女性生理期后喝此汤，可将当归调整为15克。

苹果炖瘦肉

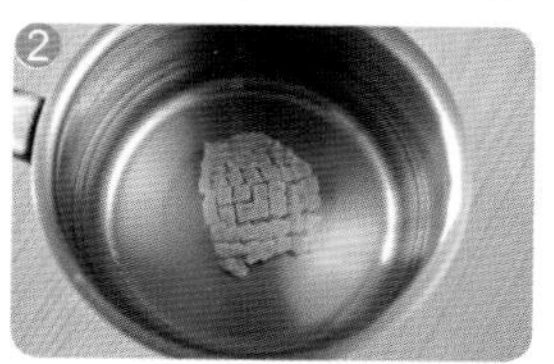

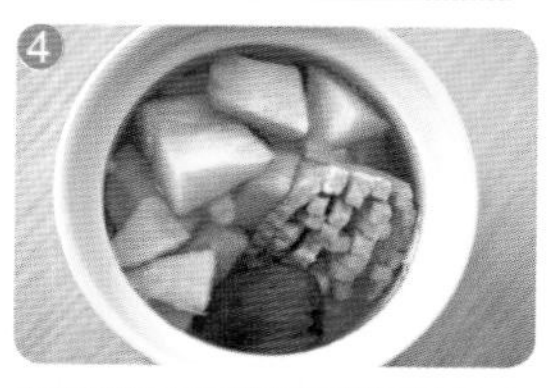

特点和功效

此汤汤色清亮微黄，果香浓郁，味道清甜，能够清润美颜，适合全家经常饮用。

食材和用量

瘦肉………… 50克
苹果………… 1/2个
蜜枣………… 1颗
盐…………… 1/4小匙

步骤

1. 瘦肉洗净，表面切花刀，刀口要横竖交错，但不能切断，要确保底部相连。
2. 瘦肉凉水入锅焯水，水开后撇去浮沫。将焯好的瘦肉捞出，如果浮沫较多可用温水洗净。
3. 苹果去皮、去核，切成小块；蜜枣冲洗干净。
4. 将3种食材放入炖盅，加热水至九分满。
5. 炖盅加盖，置于炖锅。在炖锅中加足量热水，大火烧开后转中火炖约2小时，加盐调味即可。

靓汤秘籍

★ 苹果容易氧化，切开后可放在水中浸泡，避免发黑。

Life is beautiful

碗仔翅

特点和功效

碗仔翅鲜美软滑，老幼皆宜，且食材搭配多样，营养丰富，制作简单。

食材和用量

瘦肉………… 50克
金华火腿…… 10克
粉丝………… 1把
水发香菇…… 4朵
水发木耳…… 8朵
香菜………… 2根
香醋………… 1小匙
水淀粉……… 2.5汤匙
生抽………… 1汤匙
蚝油………… 1汤匙
白胡椒粉…… 2小匙
高汤………… 1汤碗

步骤

1. 瘦肉洗净后切条，加1/2汤匙生抽、蚝油和1小匙白胡椒粉抓匀，再加1/2汤匙水淀粉抓匀腌制10分钟；金华火腿切丝。
2. 水发香菇和水发木耳切丝；香菜切段；粉丝泡软后剪段。
3. 锅内下油，小火炒香香菇后加入高汤。
4. 高汤大开后下入金华火腿和木耳，转中火煮10分钟。
5. 在锅内继续下入粉丝，并烫软。接着，下入瘦肉煮约2分钟。
6. 在锅内加入剩余生抽调味，搅拌均匀后加水淀粉，接着下入香菜。此时便可关火，然后烹入香醋、撒剩余白胡椒粉即可。

靓汤秘籍

★ 碗仔翅是一款常见于香港街头的仿鱼翅羹汤，通常以高汤为底，铺以火腿丝、香菇、猪皮、鱼肚等，食材比较随意。这里的食材比较适合家庭操作。

★ 如果没有高汤，加入清水也是可以的，但是味道就会略为逊色了。

★ 水淀粉就是干淀粉和水以1：5的比例调匀即成。

西洋菜煲猪骨汤

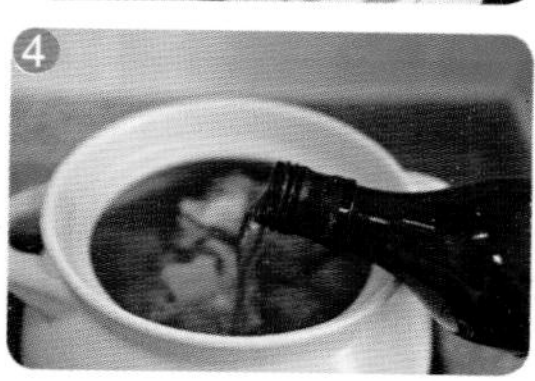

特点和功效

此汤呈浅绿色，有独特清香，有清燥润肺、化痰止咳的功效。汤中的西洋菜味甘微苦，性寒。

食材和用量

龙骨………… 750克
西洋菜……… 500克
生姜………… 1块
香醋………… 1小匙
黄酒………… 1汤匙
盐…………… 2小匙

步骤

1. 龙骨用流动水冲洗干净。
2. 龙骨与部分生姜一起凉水入锅，大火煮开约2分钟，边煮边撇去浮沫。将焯好的龙骨捞出，如果浮沫较多的话可用温水洗净。
3. 龙骨与剩余生姜一起放入砂煲，加适量开水。
4. 大火烧开后，在砂煲中烹入黄酒和香醋。
5. 在砂煲中加入洗净的西洋菜，煮开后盖上盖子，转小火煲约2小时，加盐调味即可。

靓汤秘籍

★ 西洋菜性寒，体质虚弱的人不宜多吃。
★ 西洋菜有通经的功效，因此女性生理期不宜食用。

腌笃鲜

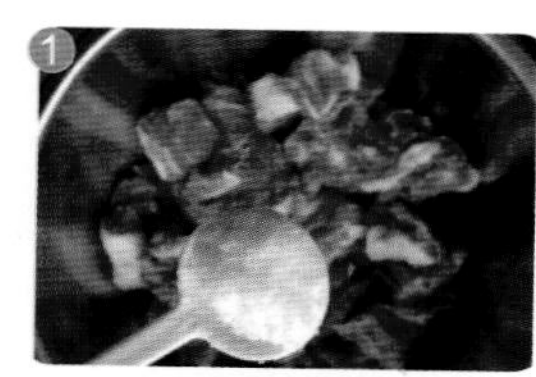

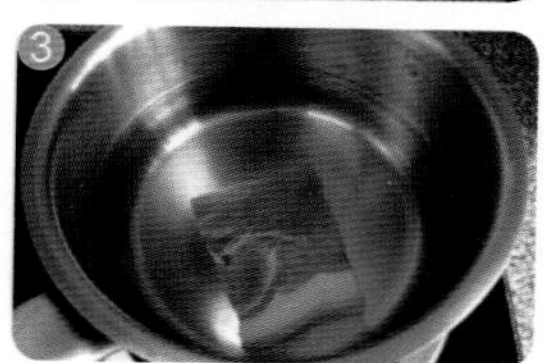

特点和功效

此汤鲜味十足，含有丰富的蛋白质、氨基酸和矿物质，营养十分全面，适合全家经常饮用。

食材和用量

排骨………… 750克
火腿………… 50克
春笋………… 1个
干香菇……… 3朵
胡萝卜……… 1/2根
生姜………… 1块
香醋………… 1小匙
黄酒………… 1汤匙
盐…………… 5小匙

步骤

1. 排骨加盐拌匀，盖保鲜膜放冰箱冷藏腌制10小时以上成咸骨。到时间后，将咸骨从冰箱取出，浸泡半小时，用流动水冲洗干净。
2. 咸骨与生姜一起凉水入锅，大火煮开约2分钟，边煮边撇去浮沫。
3. 火腿浸泡5小时，凉水入锅，大火煮开约10分钟捞出。
4. 春笋对半切开，凉水入锅，大火煮开后转中火煮10分钟。
5. 春笋、胡萝卜切滚刀块；火腿切块；干香菇泡发后洗净。
6. 咸骨、火腿、春笋、香菇、胡萝卜一起置于砂煲中，加适量开水，大火烧开后烹入黄酒和香醋，待再次烧开后盖上盖子转小火煲约2小时即可。

靓汤秘籍

★ 腌笃鲜是江南特色汤菜，多用咸肉或者咸蹄为主要食材烹制。本汤使用自制咸骨，加火腿提鲜，食材方便购买。

★ 咸骨和火腿都有咸味，因此此汤不用再加盐。

山药莲子汤

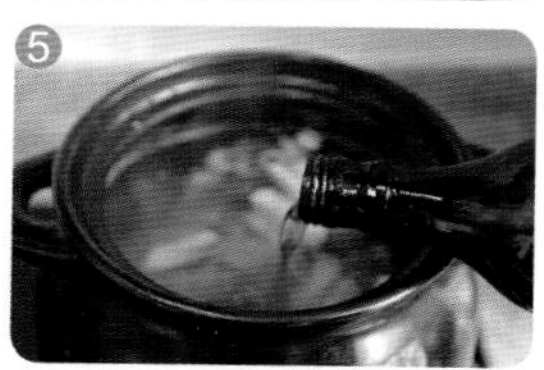

特点和功效

此汤呈乳白色，有山药和莲子的香味，入口回甘。铁棍山药富含多种维生素和氨基酸，莲子有抗癌作用，常喝此汤能够健脾益胃、固精安神、延缓衰老，适合全家经常饮用。

食材和用量

龙骨………… 750克
铁棍山药…… 1根
莲子………… 25粒
生姜………… 1块
香醋………… 1小匙
黄酒………… 1汤匙
盐…………… 2小匙

步骤

1. 铁棍山药去皮，切滚刀块；莲子用清水洗净。
2. 龙骨用流动水冲洗干净。
3. 龙骨与生姜一起凉水入锅，大火煮开约2分钟，边煮边撇去浮沫。将焯好的龙骨捞出，如果浮沫较多可用温水洗净。
4. 龙骨、莲子和铁棍山药一同放入砂煲，加适量开水。
5. 大火烧开后，烹入黄酒和香醋。
6. 再次煮开后，盖上盖子，转小火煲约2小时，加盐调味即可。

靓汤秘籍

★ 铁棍山药是山药中的极品，产于河南焦作，其中又以温县出产的最为有名。正宗铁棍山药颜色微深，根茎有铁红色斑痕。肉质较硬，粉性足，熟后干腻甜香。

★ 喜欢吃整粒莲子的，可晚半小时放入砂煲中。

萝卜丝煮螃蟹

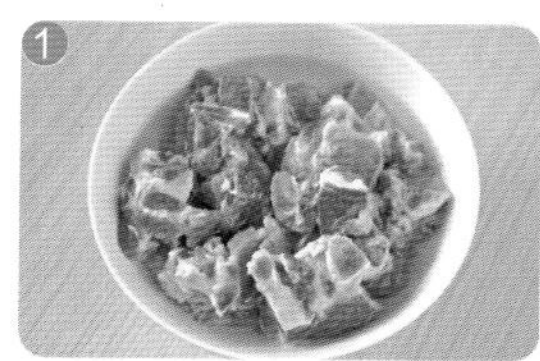

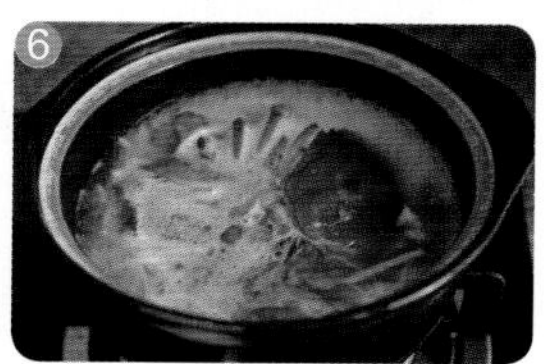

特点和功效

此汤汤色金黄，鲜美回甜，能够清热解毒、补骨添髓。不过螃蟹性寒，虽是高蛋白食材，脾胃虚寒者也不宜多吃。

食材和用量

龙骨………… 750克	生姜………… 1大块
螃蟹………… 300克	盐…………… 2小匙
白萝卜……… 1根	白胡椒粉…… 1小匙

步骤

1. 龙骨用流动水冲洗干净。
2. 龙骨与1/3生姜一起凉水入锅，大火煮开约2分钟，边煮边撇去浮沫。将焯好的龙骨捞出，如果浮沫较多可用温水洗净。
3. 焯好的龙骨和1/3生姜一同放入砂煲，加适量热水，大火烧开后转小火煲约1.5小时备用。
4. 螃蟹处理干净，斩成块。
5. 白萝卜和剩余生姜都切成丝。
6. 取步骤2煲好的骨汤烧开，下入萝卜丝，待再次烧开后下螃蟹，小火煮约15分钟，加盐和白胡椒粉调味即可。

靓汤秘籍

★ 螃蟹性寒，此汤一定要多加姜。

★ 用鸡汤代替骨汤，味道更加鲜美。

胡椒猪肚包鸡

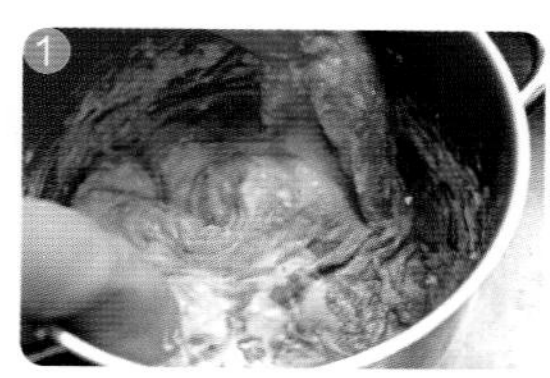
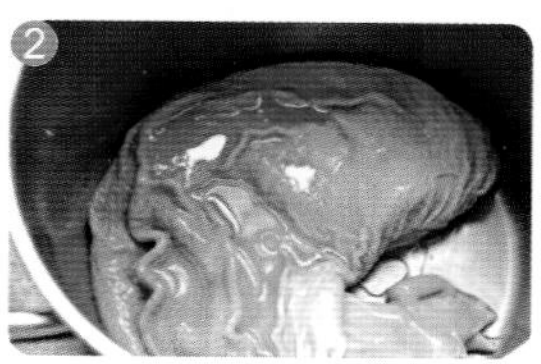

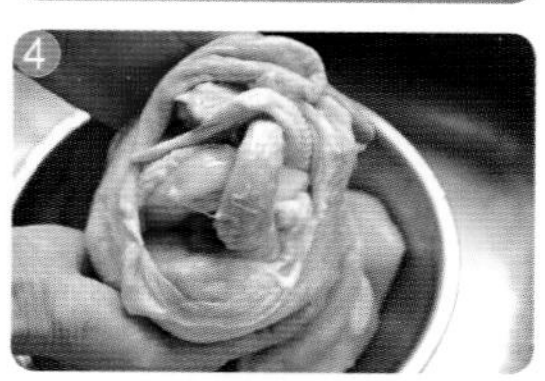
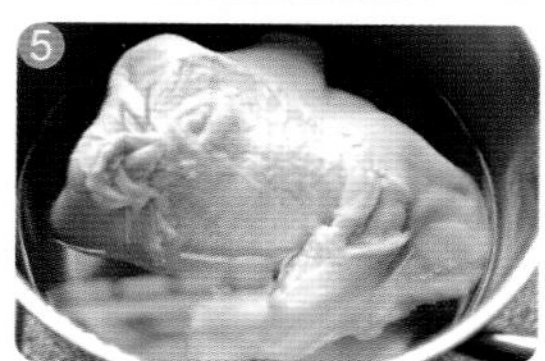
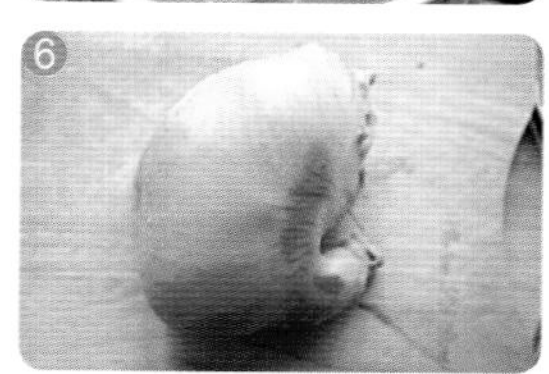

特点和功效

此汤浓郁醇厚，香气扑鼻，可辅助治疗食欲不振、消化不良、虚寒胃痛等症状，适合全家经常饮用。

食材和用量

猪肚………… 1只
土鸡………… 1只
红枣………… 6颗
白胡椒粒…… 10克
面粉………… 1杯
盐…………… 2小匙
黄酒………… 1汤匙
食用油……… 2汤匙

步骤

1. 猪肚冲洗干净，用刀刃刮掉里面的黏液和外面多余的油脂。接着，加入1杯面粉，里外抓洗5分钟后用流动水冲干净。
2. 在猪肚上加2汤匙食用油，里外抓5分钟后用流动水冲洗干净。
3. 土鸡收拾干净，将鸡脚斩下。
4. 将鸡脚、红枣和白胡椒粒依次放入鸡腹中。最后，将整鸡放入猪肚。
5. 猪肚开口处用牙签封好或者用棉线捆好。
6. 猪肚鸡凉水入锅焯水，水开后撇去浮沫，煮约3分钟。将焯好的猪肚鸡捞出，放入大锅中，加热水至没过猪肚，烹入黄酒，大火烧开后转小火煲约2小时。将煲好的猪肚鸡取出，剪开猪肚，将鸡取出斩成大块，猪肚切成条状。
7. 将猪肚和鸡放回锅中，煮开约10分钟时加盐调味即可。

靓汤秘籍

★ 猪肚鸡采用老火和生滚相结合的方式烹制，可使鸡肉嫩而不柴，猪肚酥而不烂。

★ 用面粉和油可很好地祛除猪肚的异味。

罗宋汤

特点和功效

此汤色泽诱人，香味扑鼻，酸甜可口，含有丰富的优质蛋白、维生素和纤维素，营养十分全面。

食材和用量

牛腩…………750克
香叶…………6片
黑胡椒粒……30粒
番茄…………2个
土豆…………1个
洋葱…………1/2个
卷心菜………1/2个
芹菜…………3根
番茄酱………2汤匙
盐……………2小匙
姜片…………适量

步骤

1. 牛腩洗净，与姜片一起凉水入锅焯水，水开后煮约3分钟，边煮边撇去浮沫。
2. 将焯好的牛腩捞出，放于高压锅中，加入香叶和黑胡椒粒，再加开水至没过牛腩。大火烧开上汽后，转小火压约20分钟，关火自然排汽后备用。
3. 卷心菜、洋葱切丝；芹菜切小粒。
4. 番茄去皮后切块；土豆切丁；煮熟的牛腩切小块。
5. 砂煲中加入步骤2中煲好的牛腩汤，下入土豆后大火烧开，盖上盖子转小火煮约20分钟。
6. 另起一锅，倒油，小火煸香洋葱后下卷心菜翻炒至软，再下番茄翻炒，接着加入2汤匙番茄酱炒匀。
7. 将炒好的蔬菜倒入砂煲中，大火烧开后，盖上盖子转小火煲至蔬菜软烂。再下入牛腩和芹菜，煮开加盐调味即可。

靓汤秘籍

★ 罗宋汤起源于俄罗斯的红菜汤，其中的红菜头在国内并不常见，因此传入中国的罗宋汤经过改良出现了多种版本，与最初的红菜汤有了很大的不同。

山药煲鸡汤

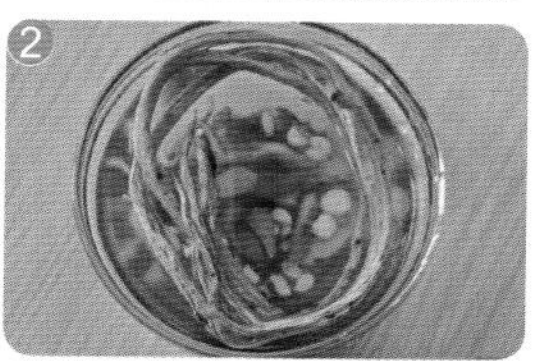

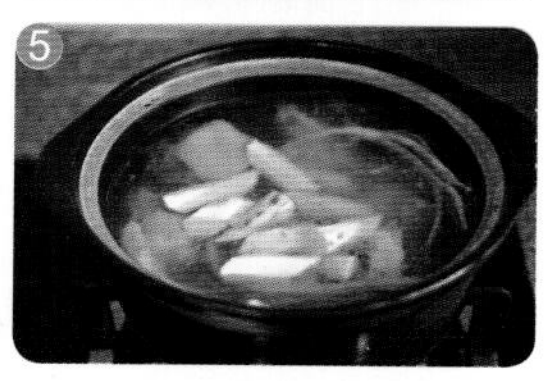

特点和功效

此汤鲜甜滋补，有药材香味，能够健脾益胃、气血双补，适合全家经常饮用。

食材和用量

土鸡…………1只
铁棍山药……1根
党参…………2支
生姜…………1块
玉竹…………2根
芡实…………1汤匙
黄酒…………1汤匙
盐……………2小匙

步骤

❶ 铁棍山药去皮，切段。
❷ 党参、玉竹、芡实冲洗干净。
❸ 土鸡处理干净，斩大块，洗净血水。
❹ 土鸡、党参、玉竹、芡实和切好片的生姜放入砂煲，加适量清水，大火烧开后撇去浮沫。
❺ 撇清浮沫后烹入黄酒，加入铁棍山药煮开。
❻ 盖上盖子，转小火煲约2小时，加盐调味即可。

靓汤秘籍

★ 铁棍山药是山药中的极品，营养价值极高，而且粉性足，熟后干腻甜香。
★ 铁棍山药耐煮，因此也可以和鸡同时放入砂煲。如果用普通山药或者淮山，可1小时后放入。

竹荪煲鸡汤

特点和功效

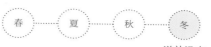

此汤清润鲜甜，具有滋补强壮、益气补脑的作用，适合全家经常饮用。汤中的竹荪又称“真菌之花”，名列四珍之首，富含多种氨基酸、维生素等，营养价值极高。

食材和用量

土鸡………… 1只
竹荪………… 50克
红枣………… 4颗
生姜………… 1块
黄酒………… 1汤匙
盐…………… 2小匙
淡盐水……… 适量

步骤

1. 土鸡处理干净，斩大块，洗净血水。
2. 竹荪冲洗干净，剪去顶部有圈的地方，用淡盐水浸泡15分钟。
3. 土鸡、红枣和切好片的生姜放入砂煲，加适量清水。
4. 大火烧开后撇去浮沫，烹入黄酒。
5. 加入竹荪煮开。
6. 盖上盖子，转小火煲约2小时，加盐调味即可。

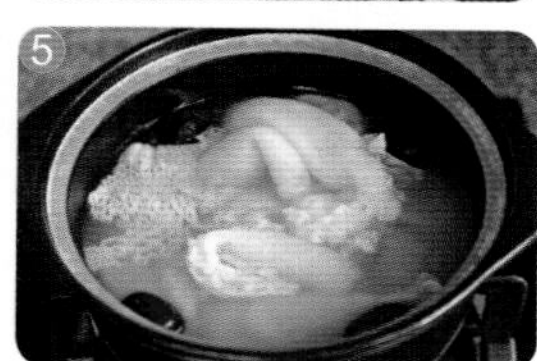

靓汤秘籍

★ 若不喜欢油腻，可将鸡肉脂肪厚的部分连皮去掉。

★ 鸡的血沫很少，煲鸡汤前不用焯水，直接加冷水炖煮即可。

★ 竹荪顶部封闭的部分容易有异味，去掉后再用淡盐水浸泡，可有效除掉竹荪的异味。

五指毛桃煲鸡汤

特点和功效

此汤汤清味鲜，有淡淡的香气，能够行气祛湿、益气补虚。

食材和用量

土鸡………… 1只
五指毛桃…… 30克
蜜枣………… 2颗
生姜………… 1块
黄酒………… 1汤匙
盐…………… 2小匙

步骤

❶ 土鸡处理干净，斩大块，洗净血水。
❷ 五指毛桃冲洗干净后用清水浸泡30分钟。
❸ 土鸡、五指毛桃、蜜枣、生姜一起放入砂煲，加适量冷水及步骤2中泡五指毛桃的水。
❹ 大火烧开后撇去浮沫，烹入黄酒。
❺ 盖上盖子，转小火煲约2小时，加盐调味即可。

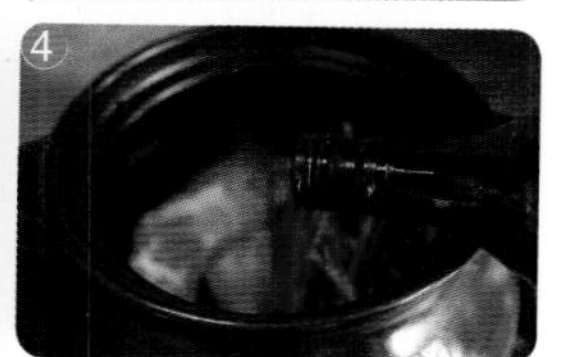

靓汤秘籍

★ 五指毛桃煲鸡汤是经典的客家家常靓汤，祛湿效果非常好。
★ 体质较弱的人可选用老母鸡，会更加滋补。

酸萝卜老鸭汤

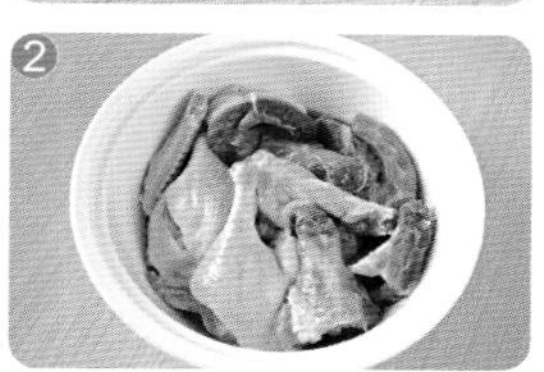

特点和功效

此汤汤色澄亮，微带酸辣，鲜美可口，能够滋补祛燥，非常适合秋冬季。

食材和用量

老鸭…………1只
酸萝卜………250克
泡姜…………15克
生姜…………1块
小葱…………3根
黄酒…………1汤匙
干辣椒………2个
花椒…………20粒

步骤

❶ 酸萝卜冲洗干净，切块；泡姜、生姜切片；干辣椒剪段；小葱切段。
❷ 老鸭斩大件，去掉多余的脂肪，冲洗干净。
❸ 老鸭与部分生姜一起凉水入锅，大火煮开约2分钟，边煮边撇去浮沫。将焯好的老鸭捞出，如果浮沫较多可用温水洗净。
❹ 另取一锅，凉油下花椒，小火慢慢炒香，待花椒变成褐色后捞出不要。接着，下小葱、剩余生姜爆香。
❺ 下干辣椒和酸萝卜炒香之后，下老鸭翻炒至鸭皮出油，烹入黄酒，再加适量开水。
❻ 将所有食材与汤汁倒入砂煲，大火煮开后，盖上盖子转小火煲约2小时即可。

靓汤秘籍

★ 酸萝卜一定要炒香后再煲才会香味十足。
★ 酸萝卜的咸味较足，此汤不用另加盐。
★ 不喜欢辣的可以不加辣椒。

虫草花炖海参

（2人份）

特点和功效

此汤汤色金黄清亮，鲜味浓郁，能够滋阴健阳、提高免疫力，适合全家经常饮用。

食材和用量

盐渍海参…… 1只
新鲜虫草花… 100克
龙骨………… 3块
生姜………… 1块
盐…………… 1/4小匙

步骤

1. 新鲜虫草花冲洗干净。
2. 水发好的盐渍海参切厚片。
3. 龙骨洗净，与1/2生姜一起凉水入锅，大火煮开约2分钟，边煮边撇去浮沫。将焯好的龙骨捞出，如果浮沫较多可用温水洗净。
4. 将海参、虫草花、龙骨和剩余生姜一起放入炖盅，加热水至九分满。
5. 炖盅加盖，置于炖锅。在炖锅中加足量热水，大火烧开后转中火炖约2小时，加盐调味即可。

靓汤秘籍

★ 盐渍海参水发过程如下：盐渍海参用清水冲洗干净，放入无油的干净锅中，加足量清水大火烧开后转小火煮约30分钟，关火自然冷却后，沿海参尾部的切口纵向剪开，去除杂物并冲洗干净。再将海参放回锅中，加足量清水大火烧开，转小火煮约20分钟，关火后自然冷却。将能够掐透内壁的海参捞出，其他海参放回继续煮5～10分钟。待所有海参都煮透后，用清水浸泡48小时，期间每天换水2～3次。

★ 水发海参时最好用纯净水。

★ 海参在浸泡过程中最好放在冰箱冷藏室，一次发好吃不完的海参可放冰箱冷冻保存。

萝卜丝鲫鱼汤

特点和功效

此汤呈奶白色，味道清甜，鲜味十足，可以提高免疫力、预防感冒。

食材和用量

鲫鱼………… 1条
白萝卜……… 200克
生姜………… 1块
白酒………… 1汤匙
黄酒………… 1汤匙
盐…………… 2小匙

步骤

1. 白萝卜去皮，切丝。
2. 生姜切成姜片。鲫鱼处理干净，加三四片姜片和白酒腌10分钟。
3. 去掉姜片，用厨房用纸擦干鱼身。
4. 热锅热油下入鲫鱼，转中小火，不要翻动，待一面煎黄后再翻面，下入剩余姜片同煎。将另一面也煎黄后烹入黄酒。
5. 在锅中加入适量开水，大火煮开后转中火煮约12分钟。
6. 煮至鱼汤呈奶白色时，加入白萝卜再煮约5分钟，加盐调味即可。

靓汤秘籍

★ 洗鱼时要刮干净鱼鳞，去内脏和鱼腹里的黑膜。

★ 煎鱼小窍门：煎鱼时最好提前用油润一下锅，即把锅烧热后倒少许油晃匀整个锅底，关火放凉，煎的时候再次将油锅烧热。煎鱼时尽量不要翻动，可用锅铲轻推，能推动的时候再翻面，鱼就不容易破皮了。

★ 煮鱼时让水保持沸腾很容易煮出奶白汤。

★ 不喜欢萝卜味的话可先将萝卜丝焯水后再放入鱼汤。

剁椒芋子汤

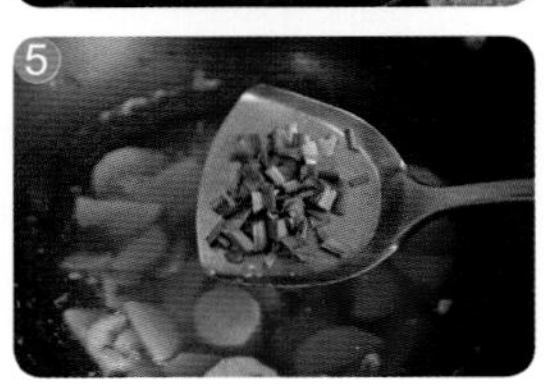

特点和功效

此汤汤色浅黄，微辣，鲜美浓郁，能够益胃健脾，特别适合身体虚弱者经常饮用。汤中的芋子又称“芋艿”，为碱性食品，能增强抵抗力。

食材和用量

芋子………… 3个
剁椒………… 1汤匙
蒜苗………… 2根
葱白………… 1根
生抽………… 2汤匙
黄酒………… 1汤匙
白胡椒粉…… 1小匙

步骤

❶ 芋子洗净后去皮，切成约3毫米的片。
❷ 锅中倒油，爆香切好的葱白后，放入芋子翻炒约1分钟，接着加入适量热水。
❸ 大火烧开后转中火继续加热，开盖保持沸腾，煮约20分钟至芋子软糯。
❹ 加入剁椒、生抽和黄酒，撒上白胡椒粉后关火。
❺ 撒入切好的蒜苗即可。

靓汤秘籍

★ 不能吃辣者可以不用剁椒，多加点儿白胡椒粉一样好吃。
★ 煮芋子的时候容易溢锅，最好开盖煮，水要加多一些。
★ 剁椒和生抽都有咸味，无须另外加盐。

酸辣蘑菇汤

特点和功效

此汤酸辣鲜美，开胃解腻。汤中的蟹腿菇有独特蟹香味，富含多种氨基酸，有益智增高、抗衰老的作用。

食材和用量

蟹腿菇	1盒	白胡椒粉	1小匙
黑木耳	6片	香菜	2根
胡萝卜	1/2根	香葱	1根
黄酒	1汤匙	生姜	1块
生抽	2汤匙	盐	1小匙
香醋	2汤匙	淡盐水	适量

步骤

1. 黑木耳提前泡发，洗净。
2. 蟹腿菇去掉根部，洗净后用淡盐水浸泡30分钟。
3. 胡萝卜洗净，切丝；黑木耳切丝。
4. 热锅热油，爆香葱姜后，下蟹腿菇翻炒至出汁水。
5. 在锅中下胡萝卜和黑木耳，炒至胡萝卜变软后，加适量开水煮约5分钟。
6. 在锅中加盐、黄酒、生抽、香醋和白胡椒粉，翻炒均匀后关火，撒入切好的香菜段即可。

靓汤秘籍

★ 如果没有蟹腿菇，可用白玉菇或金针菇代替。

★ 此汤重酸辣味，因此要多放香醋和白胡椒粉。

酒酿蛋花汤

特点和功效

此汤香甜可口，有淡淡酒味。汤中的酒酿也叫“醪糟”，具有温经活血、滋阴补肾的作用，能有效缓解痛经。

食材和用量

酒酿………… 1碗
鸡蛋………… 1枚
葡萄干……… 15粒
枸杞………… 15粒
熟核桃仁…… 适量

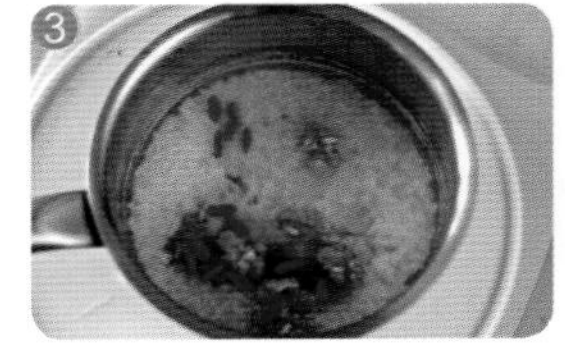

步骤

1. 鸡蛋打散成蛋液；熟核桃仁、葡萄干、枸杞冲洗干净。
2. 小锅中加1碗清水，水开后倒入酒酿。
3. 将熟核桃仁、葡萄干、枸杞混合放入小锅。
4. 待再次煮开后转小火，将蛋液以画圈的方式倒入，稍停片刻，再用筷子搅匀即可。

靓汤秘籍

★ 酒酿蛋花中加入葡萄干和枸杞可以使营养更丰富，也可加入其他自己喜爱的果脯。
★ 痛经者可加入姜丝，效果会更好。
★ 喜食甜可以加冰糖或者红糖。

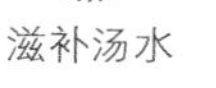

红枣黄芪糖水

特点和功效

此汤清甜可口，枣香浓郁，能够滋养气血、补中益气，特别适合经期后的女性饮用。

食材和用量

红枣………… 12颗
桂圆………… 12颗
黄芪………… 10克
枸杞………… 20粒

步骤

❶ 红枣浸泡10分钟洗干净。
❷ 桂圆、黄芪和枸杞用清水冲洗干净。
❸ 除枸杞外所有食材放小锅中，加适量水。
❹ 大火烧开后撇去浮沫，盖上盖子，转小火煮约1小时。
❺ 加枸杞煮5分钟即可。

靓汤秘籍

★ 红枣和桂圆本身有甜味，可以不用再加糖，喜食甜的话可以将一部分红枣划破后再煮。
★ 黄芪性温，容易上火的人可以减少用量，或换成党参。

致 谢

在本书的最后，我希望向柴文琪、肖悦娥、周岐松、周浦楠、周素华、叶慧莲、叶姝婕表示衷心的感谢，谢谢你们在本书写作过程中给予的帮助、信任和鼓励。正因为有了你们的支持，这本书才能够如此顺利地完成。在此，我想把它献给你们，以表示我发自内心的感谢之情！

宅与路上

2014年11月